Արդյունք

Eureka Math
Դասարան
2 Մոդուլ 6–8

Great Minds PBC is the creator of Eureka Math®,
Wit & Wisdom®, Alexandria Plan™, and PhD Science™.

Published by Great Minds PBC. greatminds.org

Copyright © 2020 Great Minds PBC. All rights reserved. No part of this work may be reproduced or used in any form or by any means—graphic, electronic, or mechanical, including photocopying or information storage and retrieval systems—without written permission from the copyright holder.

ISBN 978-1-64929-171-4

1   2   3   4   5   6   7   8   9   10   XXX   25   24   23   22   21   20

Printed in the USA

Ուսուցում ♦ Պրակտիկա ♦ Արդյունք

«Eureka Math»-ի® «A Story of Units»® աշակերտական նյութերը (K–5) հասանելի են Ուսուցում, Պրակտիկա, Արդյունք եռյակով: Այս շարքն ապահովում է նյութերի բազմազանությունը և փոփոխումը՝ միաժամանակ դրանք կանոնակարգված և մատչելի թողնելով: *Ուսուցիչները կբացահայտեն, որ «Ուսուցում, Պրակտիկա և Արդյունք» շարքն առաջարկում է նաև համապարփակ և, հետևաբար, ավելի արդյունավետ եղանակ՝ անհատական մոտեցման ցուցաբերման, լրացուցիչ աշխատանքների և ամառային ուսուցման կազմակերպման համար:*

Ուսուցում

«Eureka Math Ուսուցում» բաժինը ծառայում է աշակերտին որպես ուսումնական ուղեցույց, որտեղ նանք ներկայացնում են այն, ինչ մտածում են և գիտեն և ամեն օր զարգացնում են իրենց գիտելիքները: «Ուսուցում» բաժնում ներառված ամենօրյա դասարանային աշխատանքները՝ գործնական խնդիրները, գնահատման տոմսակները, խնդիրները, ձևանմուշները, ներկայացված են դյուրահաս ձևով և ծավալով:

Գործնական աշխատանք

Յուրաքանչյուր «*Eureka Math»-ի դաս* սկսվում է մի շարք ակտիվ, իմացության ստուգման ուրախ վարժություններով՝ այդ թվում *«Eureka Math Պրակտիկա» բաժնում ներառվածները:* Այն աշակերտները, ովքեր ավելի շատ գիտելիքներ ունեն մաթեմատիկայից, կարող են ավելի շատ նյութ յուրացնել առավել խորությամբ: «Փորձ» բաժնում աշակերտները զարգացնում են նոր ձեռք բերված գիտելիքի կիրառման հմտությունները և ամրապնդում են նախորդ դասը՝ նախապատրաստվելով հաջորդին:

«Ուսուցում» և *«Պրակտիկա»* բաժինները միասին աշակերտներին տրամադրում են տպագիր բոլոր նյութերը, որոնք նրանք կօգտագործեն մաթեմատիկայի հիմնական դասընթացի համար:

Արդյունք

«Eureka Math-ի Արդյունք» բաժինն աշակերտներին հնարավորություն է տալիս ինքնուրույն վարպետանալ: Լրացուցիչ խնդիրները համահունչ են դասի նյութին և հարմար են որպես տնային կամ լրացուցիչ աշխատանք հանձնարարելու համար: Խնդիրներն ուղեկցվում են «Տնային աշխատանքի օգնականով», որն իրենից ներկայացնում է խնդիրների լուծման օրինակներ՝ ցույց տալով, թե ինչպես պետք է լուծել նմանատիպ խնդիրները:

Ուսուցիչներն ու դասավանդողները կարող են օգտագործել նախորդ մակարդակների *«Արդյունք» բաժնի* դասագիրքը՝ որպես ուսուցման ծրագրի մաս՝ հիմնարար գիտելիքների բացը լրացնելու համար: Աշակերտներն ավելի արագ կընկալեն ու կյուրացնեն, քանի որ ծանոթ նյութի կրկնությունը դյուրացնում է ընթացիկ մակարդակի բովանդակության կապի ստեղծումը նախորդի հետ:

EUREKA MATH®

Աշակերտներ, ընտանիքի անդամներ և դասավանդողներ.

Շնորհակալություն *Eureka Math*® թիմի անդամ դառնալու համար. այստեղ մենք վայելում ենք մաթեմատիկայի պարզևած ուրախությունը, բերկրանքը և սուր զգացմունքները:

Ոչինչ չի գերազանցում սովորողի հաջողության բավարարվածությանը այնքան, որքան նրա ավելի գրագետ դառնալը, և հենց դրանով էլ ավելի են մեծանում նրա դրդապատճառը և պարտավորվածությունը: *«Eureka Math»-ի «Արդյունք»* բաժինը պարունակում է ուղեցույց և լրացուցիչ վարժություններ, որոնք անհրաժեշտ են աշակերտների հիմնարար գիտելիքները ամրապնդելու և նոր նյութը յուրացնելու համար:

Ի՞նչ է իրենից ներկայացնում «Արդյունք» դասագիրքը:

«*Eureka Math-ի*» *Արդյունք* գրքերը ներկայացնում են աջակցվող պրակտիկ հավաքածուներ, որոնք զուկակցում են *Միավորների Պատմություն*® դասերին:*Արդյունքի* յուրաքանչյուր դասը սկսվում է մի շարք մշակված օրինակներով, որոնք կոչվում են *Տնային Աշխատանքի Օգնականներ*, որոնք ցուցադրում են այն մոդելները և տրամաբանությունը, որոնք կիրառվում են ուսումնական ծրագրում՝ ընկալում ձևավորելու համար: Այնուհետև, աշակերտները ձեռք են բերում պրակտիկ հմտություններ՝ պարզից աստիճանաբար բարդին անցնող հաջորդականությամբ ընտրված խնդիրների միջոցով:

Ինչպե՞ս պետք է օգտվել «Արդյունք» *բաժնից:*

«Արդյունք» դասագրքերի *հավաքածուն* կարող է օգտագործվել որպես այլընտրանքային ուսուցման, վարժությունների, տնային աշխատանքների և օժանդակ նյութ: *Eureka Math-ի Affirm®, թվային գնահատման համակարգը զուգակցվելով «Արդյունք» դասագրքի դասերի հետ՝ դասավանդողներին հնարավորություն է տալիս թիրախային գործնական աշխատանք իրականացնել և գնահատել աշակերտի առաջադիմությունը: «Արդյունք»* բաժնում կիրառված մաթեմատիկական մոդելներն ու բառապաշարը նույնն են, ինչ *«Միավորների պատմության»* մեջ, ինչը թույլ է տալիս աշակերտներին զգալ իրենց ամենօրյա ուսուցման հետ կապն ու առնչությունը՝ անկախ այն հանգամանքից՝ աշխատում են հիմնարար գիտելիքների ամրապնդման, թե ընթացիկ նյութի լրացուցիչ վարժությունների ուղղությամբ:

Որտե՞ղ կարող եմ ավելի շատ տեղեկություններ ստանալ «Eureka Math»-ի *նյութերի վերաբերյալ:*

Great Minds® թիմը ձգտում է ապահովել աշակերտներին, ընտանիքներին և դասավանդողներին մշտապես հարստացվող նյութերի շտեմարանով, որը հասանելի է՝ eureka-math.org. Վեբկայքում զետեղված են նաև *Eureka Math-ի* խմբի ոգեշնչող հաջողության պատմություններ: Կիսվեք ձեր տպավորություններով և ձեռքբերումներով այլ օգտատերերի հետ՝ դառնալով *Eureka Math-ի* չեմպիոն:

Լավագույն մաղթանքները Eureka պահերով լի տարում:

Ջիլ Դինիզ
Մաթեմատիկայի բաժնի տնօրեն
Great Minds

Բովանդակություն

Մոդուլ 6. Բազմապատկման և բաժանման հիմքերը

Թեմա A. Հավասար խմբերի ձևավորում

Դաս 1 3

Դաս 2 7

Դաս 3 11

Դաս 4 15

Թեմա B. Շարվածքներ և հավասար խմբեր

Դաս 5 19

Դաս 6 23

Դաս 7 27

Դաս 8 31

Դաս 9 35

Թեմա C. Ուղղանկյուն շարվածքներ և բազմապատման և բաժանման հիմունքներ

Դաս 10 39

Դաս 11 43

Դաս 12 47

Դաս 13 51

Դաս 14 57

Դաս 15 61

Դաս 16 65

Թեմա D. Զույգ և կենտ թվերի հասկացությունը

Դաս 17 69

Դաս 18 73

Դաս 19 77

Դաս 20 81

Մոդուլ 7. Խնդիրների լուծում՝ կապված երկարության, փողի և տվյալների հետ

Թեմա A. Խնդիրների լուծում կատեգորիական տվյալներով

Դաս 1 89

Դաս 2 95

Դաս 3 101

Դաս 4 105

Դաս 5 109

Թեմա B. Խնդիրների լուծում մետաղադրամներով և թղթադրամներով

Դաս 6 113

Դաս 7 117

Դաս 8 121

Դաս 9 125

Դաս 10 129

Դաս 11 133

Դաս 12 137

Դաս 13 141

Թեմա C. Դյույմանոց քանոնի ստեղծում

Դաս 14 145

Դաս 15 149

Թեմա D. Սովորական և մետրային միավորների օգնությամբ երկարության չափումը և գնահատումը

Դաս 16 153

Դաս 17 157

Դաս 18 161

Դաս 19 165

Թեմա E. Խնդիրների լուծում սովորական և մետրային միավորներով

Դաս 20 169

Դաս 21 173

Դաս 22 177

Թեմա F. Չափման տվյալների ներկայացումը

Դաս 18 181

Դաս 24 185

Դաս 25 189

Դաս 26 193

Մոդուլ 8. Ժամանակը, ձևերը և կոտորակները՝ որպես պատկերների հավասար մասեր

Թեմա A. Երկրաչափական ձևերի առանձնահատկությունները

Դաս 1 199

Դաս 2 203

Դաս 3 207

Դաս 4 211

Դաս 5 215

Թեմա B. Բաղադրյալ պատկերներ և կոտորակային գաղափարներ

Դաս 6 219

Դաս 7 225

Դաս 8 229

Թեմա C. Շրջանների և եռանկյունների կեսեր, երրորդներ և չորրորդներ

Դաս 9 223

Դաս 10 237

Դաս 11 241

Դաս 12 245

Թեմա D՝ Կոտորակների կիրառումը ժամն ասելու համար

Դաս 13 249

Դաս 14 253

Դաս 15 257

Դաս 16 261

Դասարան 2
Մոդուլ 6

ՄԻԱՎՈՐՆԵՐԻ ՊԱՏՄՈՒԹՅՈՒՆ   Դաս 1 Տնային աշխատանքների օգնական   2•6

$2 + 2 + 2 = 6$
Կարող եմ մտածել 2 + 2 = 4 և 4 + 2 = 6:

Կրկնակի գումարումը 2-րդ դասարանում...

$3 \times 2 = 6$
Կարող եմ մտածել, որ 2-ի 3 խումբը հավասար է 6-ի:

բերում է բազմապատկման 3-րդ դասարանում:

Խնձորները 2-ական խմբերի մեջ դնելով՝ ես ստեղծում եմ երկու խնձորների 5 հավասար խմբեր:

1. Շրջանակի մեջ առեք երկուական խնձորներով խմբեր:

Կա երկուական խնձորներից բաղկացած 5 խումբ:

2. 12 նարինջները բաժանեք 4 հավասար խմբի ու նկարեք:

Նույն ամբողջից կարող եմ տարբեր հավասար խմբեր կազմել:

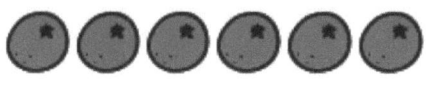

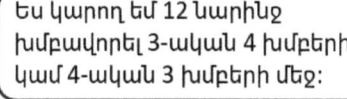

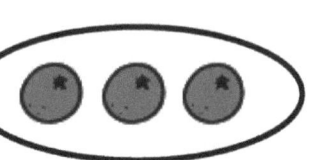 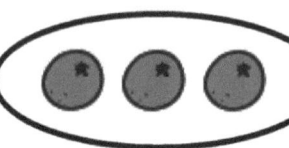

Ես կարող եմ 12 նարինջ խմբավորել 3-ական 4 խմբերի կամ 4-ական 3 խմբերի մեջ:

3 նարինջների 4 խմբեր

EUREKA MATH   Դաս 1.   Հաշվային առարկաներով (մանիպուլյատորներով) կազմե՛ք հավասար խմբեր: 3

3. 12 նարինջները բաժանեք 3 հավասար խմբի ու նկարեք։

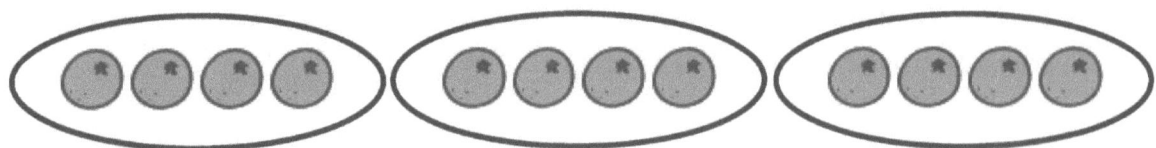

4-ական նարինջներից կազմված 3 խումբ։

4. Նկարեք ծաղիկներն այնպես, որպեսզի յուրաքանչյուր 3 խմբում լինի հավասար քանակությամբ ծաղիկ։

Ես կարող եմ անհավասար խմբերը վերածել հավասար խմբերի։

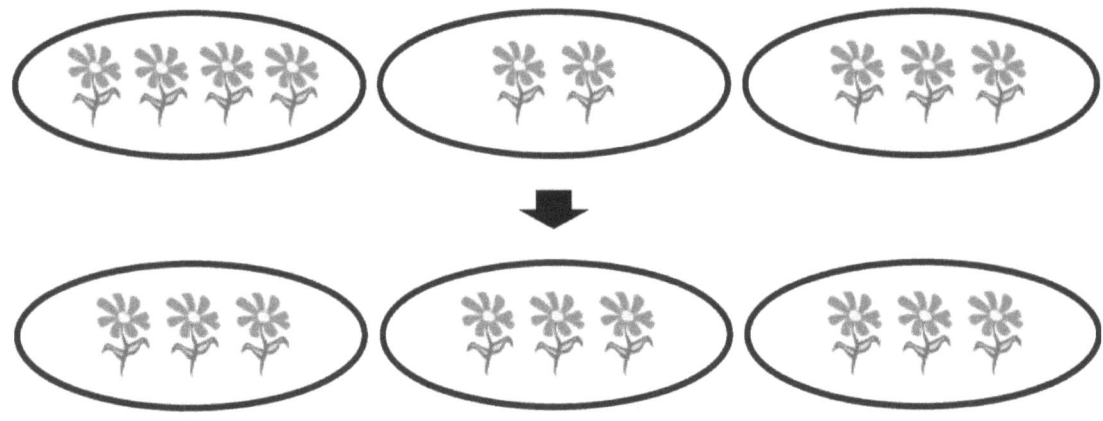

3-ական ծաղիկներից կազմված _3_ խումբ= _9_ ծաղիկ

Անուն _____ Ամսաթիվ _____

1. Շրջանակի մեջ առե՛ք երկու վերնաշապիկից կազմված խմբեր։

   Կա երկու վերնաշապիկներից կազմված _____ խումբ։

2. Շրջանակի մեջ առե՛ք երեք տաբատից կազմված խմբերը։

   Կա երեքական տաբատից կազմված _____ խումբ։

3. 12 անիվները բաժանե՛ք 3 հավասար խմբի և նկարե՛ք։

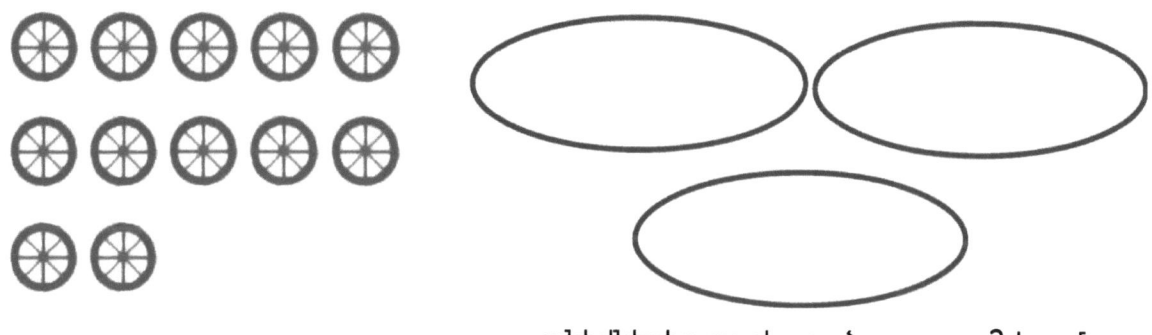

   անիվներից բաղկացած _____ 3 խումբ

4. 12 անիվները բաժանե՛ք 4 հավասար խմբի և նկարե՛ք։

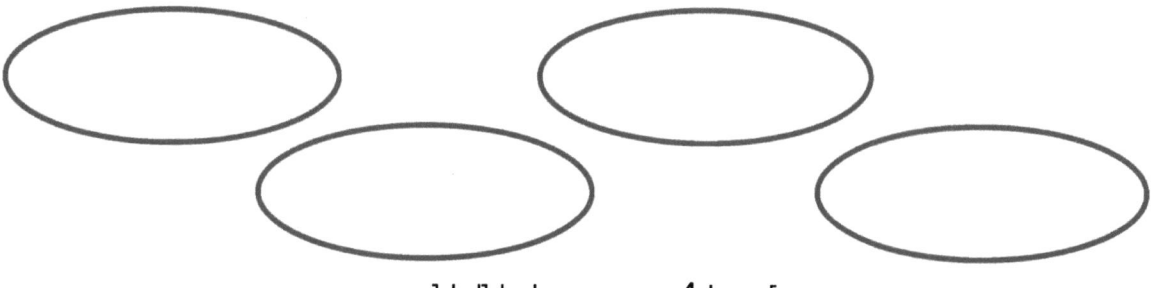

   անիվների _____ 4 խումբ

5. Նկարե՛ք խնձորներն այնպես, որ բոլոր 4 խմբերում հավասար քանակ լինի։

խնձորների 4 խումբ = _____ խնձոր = _____ խնձոր։

6. Նկարե՛ք նարինջները՝ 3 հավասար խումբ կազմելու համար։

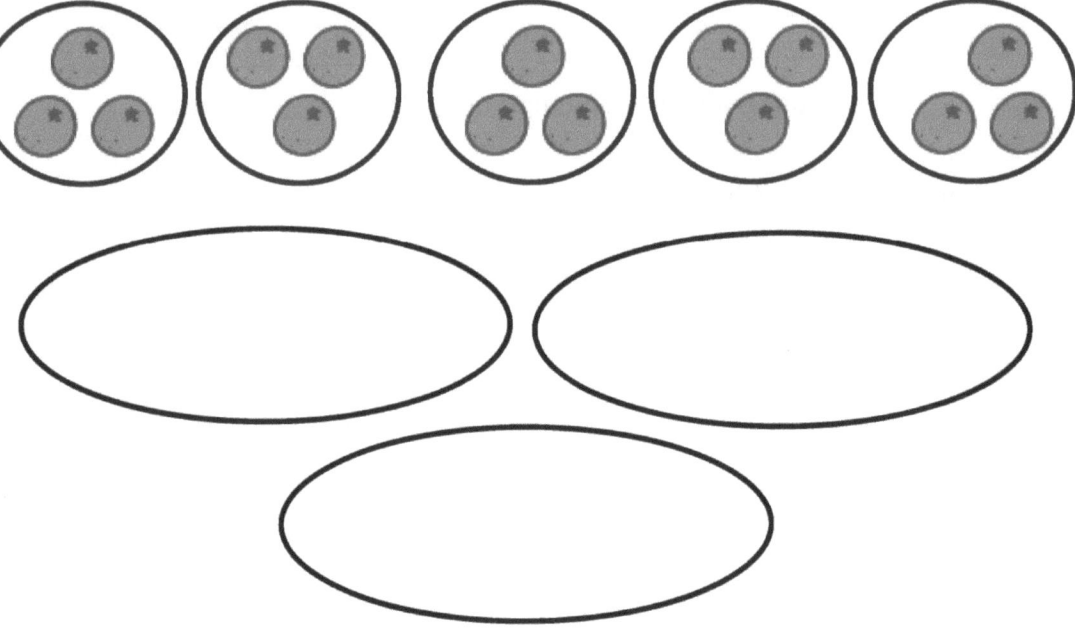

նարինջների 3 խումբ = _____ նարինջ = _____ նարինջ։

1. Գրեք կրկնվող գումարման հավասարում՝ ցույց տալով յուրաքանչյուր խմբի առարկաների թիվը: Այնուհետև գտեք ընդհանուր թիվը:

__2__ + __2__ + __2__ = __6__

3 խումբ __2__ = __6__

Յուրաքանչյուր խմբում կա 2 մատիտ, ուստի կրկնվող գումարման արտահայտությունը 2 + 2 + 2 = 6 է: Կարող ենք ասել, որ 2-ի 3 խումբը հավասար է 6-ի:

2. Նկարեք երեքից բաղկացած ևս 1 խումբ: Այնուհետև գրեք կրկնվող գումարման համապատասխան հավասարում:

__3__ + __3__ + __3__ + __3__ = __12__

3-ի __4__ խումբ = __12__

Երբ ես նկարում եմ 3 տուփի մեկ այլ խումբ, ես պետք է ավելացնեմ ևս 3-ը գումարման արտահայտության մեջ, քանի որ այժմ կան 3-ի 4 խմբեր:

Դաս 2. Մաթեմատիկական գծագրերով ներկայացրե՛ք հավասար խմբեր՝ կապելով այն կրկնակի գումարման հետ: 7

Անուն ______________________________ Ամսաթիվ ______________

1. Գրեք կրկնվող գումարման հավասարում՝ ցույց տալով յուրաքանչյուր խմբի առարկաների թիվը: Այնուհետև գտեք ընդհանուր թիվը:

a.

_____ + _____ + _____ = _____

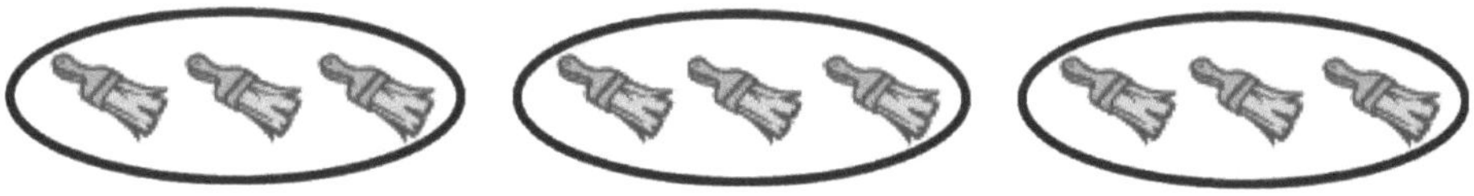

-ից բաղկացած 3 խումբ _____ = _____

b.

_____ + _____ + _____ + _____ = _____

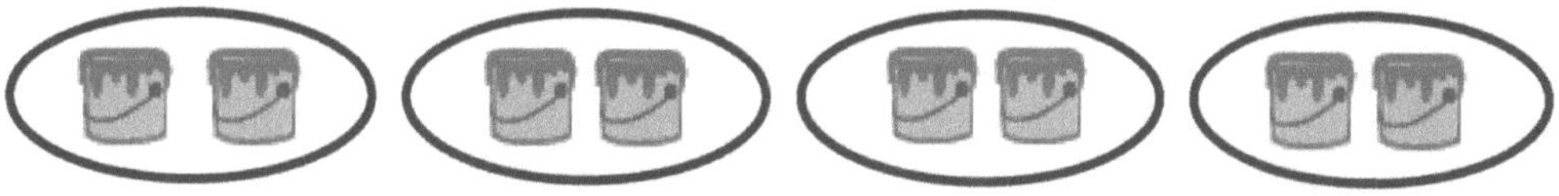

-ից բաղկացած 4 խումբ _____ = _____

2. Նկարեք ևս 1 հավասար խումբ:

_____ + _____ + _____ + _____ + _____ = _____

-ից բաղկացած 5 խումբ _____ = _____

EUREKA MATH Դաս 2. Մաթեմատիկական գծագրերով ներկայացրե՛ք հավասար խմբեր՝ կապելով այն կրկնակի գումարման հետ: 9

3. Նկարեք չորսից բաղկացած ևս 1 խումբ: Այնուհետև գրեք կրկնվող գումարման համապատասխան հավասարում:

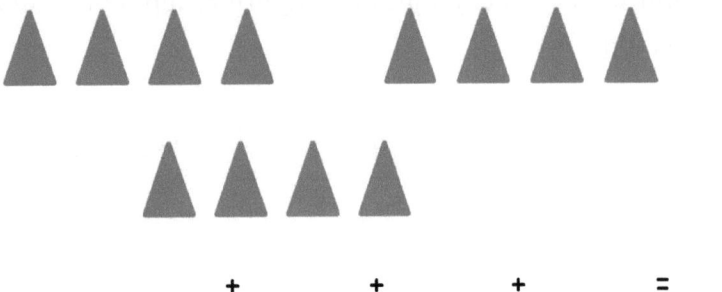

______ + ______ + ______ + ______ = ______

4-ից բաղկացած ______ խումբ = ______

4. Նկարե՛ք ևս 2 հավասար խմբեր: Այնուհետև գրեք կրկնվող գումարման համապատասխան հավասարում:

______ + ______ + ______ + ______ + ______ = ______

4-ից բաղկացած ______ խումբ = ______

5. Նկարե՛ք 3-ական շրջաններից բաղկացած 4 խումբ: Այնուհետև գրեք կրկնվող գումարման համապատասխան հավասարում:

1. Գրե՛ք կրկնվող գումարման հավասարում՝ նկարին համապատասխան։ Այնուհետև զույգերով խմբավորեք գումարելիները՝ ցույց տալով գումարման ավելի հեշտ եղանակ։

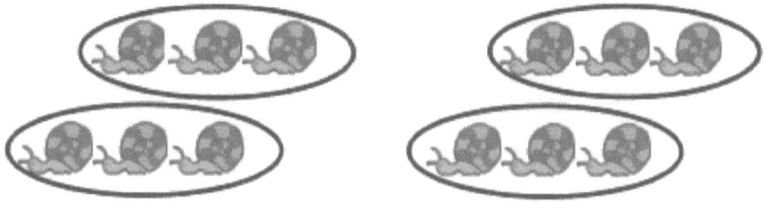

$$\underline{\ 3\ } + \underline{\ 3\ } + \underline{\ 3\ } + \underline{\ 3\ } = \underline{\ 12\ }$$

$$\underline{\ 6\ } + \underline{\ 6\ } = \underline{\ 12\ }$$

$\underline{\ 3\ }$-ի 4 խմբերը = $\underline{\ 6\ }$-ի 2 խմբի

Ես կարող եմ գումարելիները խմբավորել զույգերով և օգտագործել զույգեր՝ արագ գումարման համար։ Ես գիտեմ 3 + 3 = 6, և քանի որ կա երկու վեց, 12-ը ստանալու համար կարող եմ գումարել դրանք՝ 6 + 6։

2.

$$\underline{\ 3\ } + \underline{\ 3\ } + \underline{\ 3\ } + \underline{\ 3\ } + \underline{\ 3\ } = \underline{\ 15\ }$$

$$\underline{\ 6\ } + \underline{\ 6\ } + 3 = \underline{\ 15\ }$$

$$\underline{\ 12\ } + 3 = \underline{\ 15\ }$$

Եթե լրացուցիչ գումարելի կա, ես դեռ կարող եմ զույգեր օգտագործել, հետո միայն ավելացնել այդ լրացուցիչ քանակը։

Անուն _____ Ամսաթիվ _____

1. Գրե՛ք կրկնվող գումարման հավասարում՝ նկարին համապատասխան: Այնուհետև զույգերով խմբավորեք գումարելիները՝ ցույց տալով գումարման ավելի հեշտ եղանակ:

a.

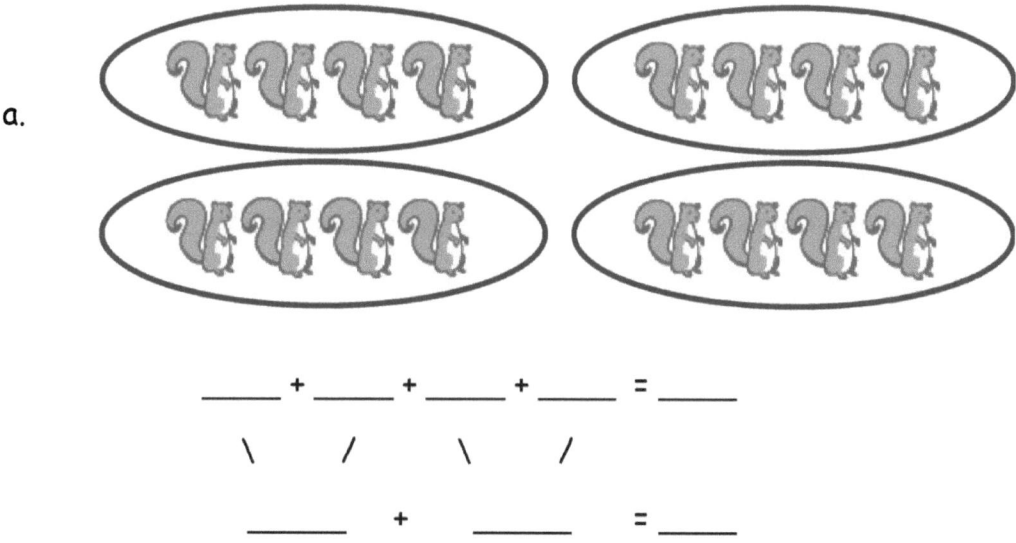

____ + ____ + ____ + ____ = ____

\ / \ /

____ + ____ = ____

-ից բաղկացած 4 խումբ _____ = -ից բաղկացած 2 խումբ _____

b.

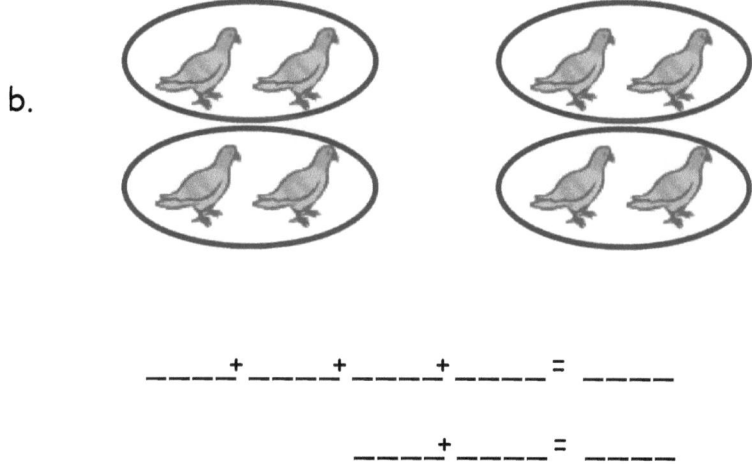

____ + ____ + ____ + ____ = ____

____ + ____ = ____

-ից բաղկացած 4 խումբ _____ = -ից բաղկացած 2 խումբ _____

c.

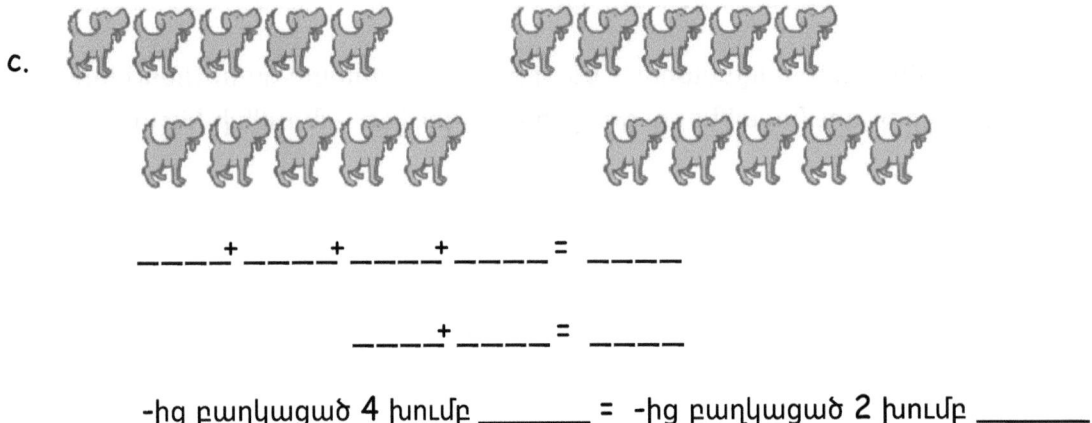

____ + ____ + ____ + ____ = ____

____ + ____ = ____

-ից բաղկացած 4 խումբ ______ = -ից բաղկացած 2 խումբ ______

2. Գրե՛ք կրկնվող գումարման հավասարում՝ նկարին համապատասխան: Այնուհետև զույգերով խմբավորե՛ք գումարելիները և իրար գումարե՛ք, որպեսզի ստանաք ընդհանուր թիվը:

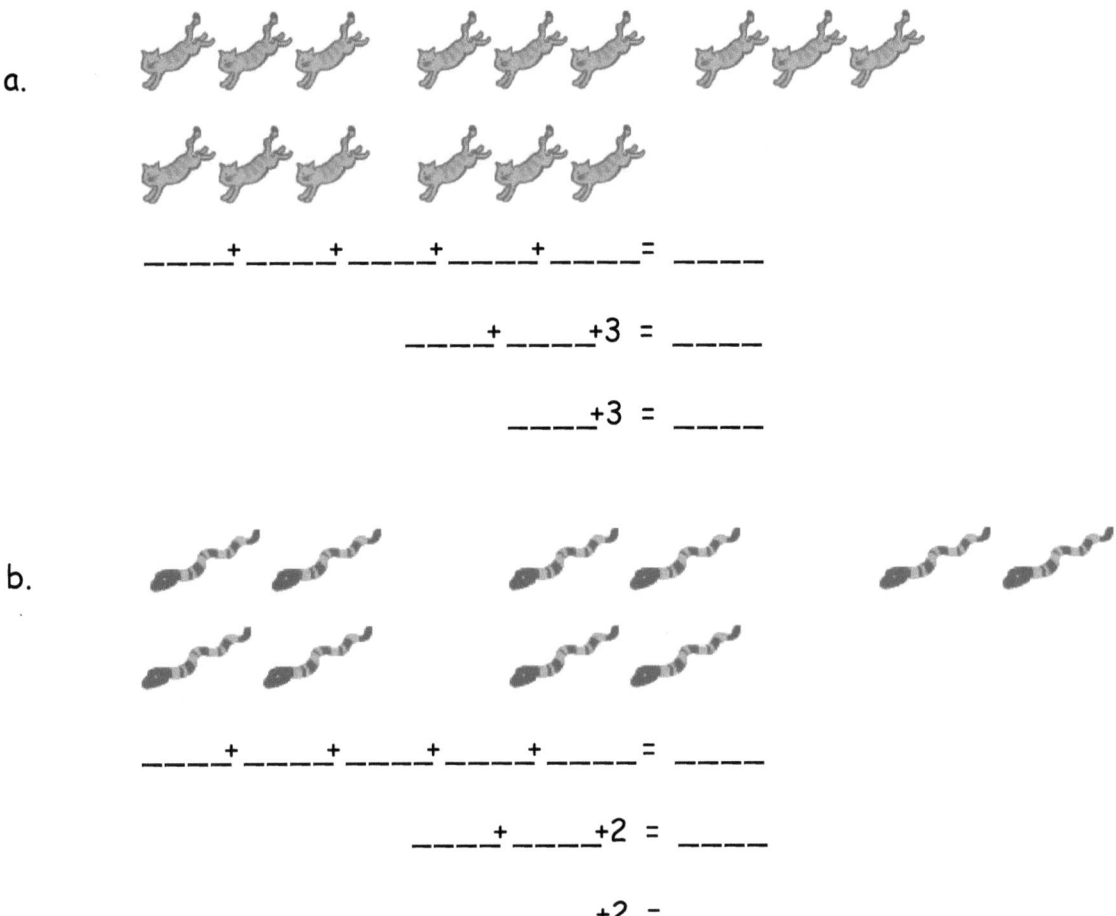

a.

____ + ____ + ____ + ____ + ____ = ____

____ + ____ +3 = ____

____ +3 = ____

b.

____ + ____ + ____ + ____ + ____ = ____

____ + ____ +2 = ____

____ +2 = ____

EUREKA MATH

1. Գրե՛ք կրկնվող գումարման հավասարում՝ գտնելու համար յուրաքանչյուր ժապավենաձև դիագրամի ընդհանուր թիվը:

Այս գծապատկերային նկարն օգնում է ինձ տեսնել, որ յուրաքանչյուր խմբում կա 2 բաժակի 4 խումբ:

Տուփերը ներկայացնում են խմբերը:

2 + **2** + **2** + **2** = **8**

2-ի 4 խմբեր = **8**

Ընդհանուրը գտնելու համար ես գումարում եմ 2-ի 4 խմբերը:

$2 + 2 + 2 + 2 = 8$

2. Գծե՛ք ժապավենաձև դիագրամ՝ գտնելու համար ընդհանուր թիվը:

5 խումբ՝ յուրաքանչյուրում 2

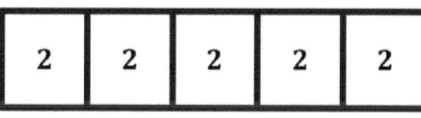

2	**2**	**2**	**2**	**2**

Տուփերը ներկայացնում են խմբերը: Կան 5 խումբ, այնպես որ ես նկարում եմ 5 տուփ:

Յուրաքանչյուր խմբում կա 2: Նկար նկարելու փոխարեն կարող եմ պարզապես յուրաքանչյուր տուփում գրել 2 թիվը:

$\mathbf{2 + 2 + 2 + 2 + 2 = 10}$

Ընդհանուրը գտնելու համար ես գումարում եմ 2-ի 5 խմբերը:

$2 + 2 + 2 + 2 + 2 = 10$

EUREKA MATH Դաս 4. Ժապավենաձև դիագրամներով ներկայացրե՛ք հավասար խմբեր՝ կապելով այն կրկնակի գումարման հետ: 15

Անուն ________________________ Ամսաթիվ ____________

1. Գրե՛ք կրկնվող գումարման հավասարում՝ յուրաքանչյուր ժապավենաձև դիագրամի ընդհանուր թիվը գտնելու համար:

a.

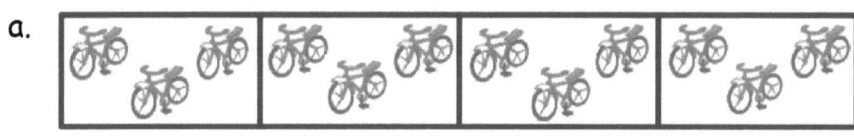

_____ + _____ + _____ + _____ = _____

3-ից բաղկացած 4 խումբ = _____

b.

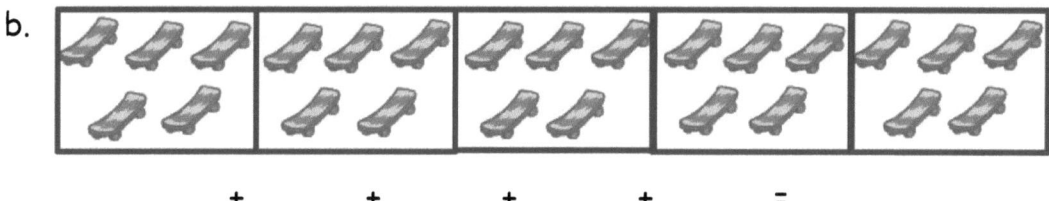

_____ + _____ + _____ + _____ + _____ = _____

-ից բաղկացած 5 խումբ = _____

c.

4	4	4	4

_____ + _____ + _____ + _____ = _____

-ից բաղկացած 4 խումբ = _____

d.

2	2	2	2	2	2

_____ + _____ + _____ + _____ + _____ + _____ = _____

-ից բաղկացած խումբ = _____

2. Գծե՛ք ժապավենաձև դիագրամ՝ ընդհանուր թիվը գտնելու համար:

   a. 5 + 5 + 5 + 5 = _____

   b. 4 + 4 + 4 + 4 + 4 = _____

   c. 2-ի 4 խմբեր

   d. 3-ի 5 խմբեր

   e.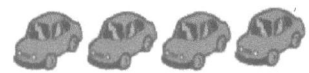

1. Շրջանակի մեջ առեք երկուական խմբեր: Նկարե՛ք երկուական խմբերը որպես շարքեր, այնուհետև՝ որպես սյունակներ:

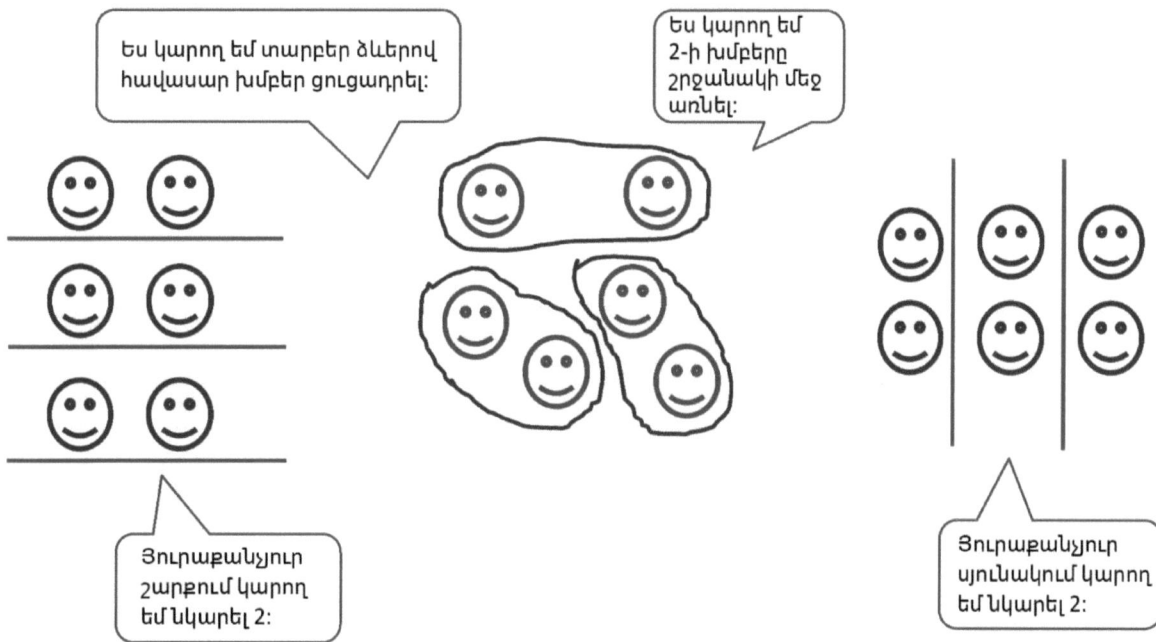

2. Հաշվե՛ք շարվածքում առարկաների թիվը՝ ձախից աջ շարքերով և վերից վար՝ սյունակներով: Հաշվելիս շրջանակի մեջ առե՛ք շարքերը, իսկ հետո սյունակները:

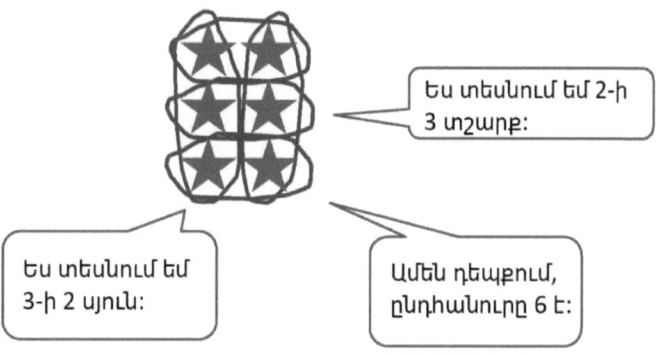

Անուն _____ Ամսաթիվ _____

1. Շրջանակի մեջ առե՛ք հինգական խմբերը։ Ապա, նկարե՛ք ամպերը՝ բաշխելով երկու հավասար շարքերի:

2. Շրջանակի մեջ առե՛ք չորսական խմբեր։ Նկարե՛ք չորսական խմբերը որպես շարքեր, իսկ հետո՝ որպես սյունակներ:

3. Շրջանակի մեջ առե՛ք չորսական խմբեր։ Նկարե՛ք չորսական խմբերը որպես շարքեր, իսկ հետո՝ որպես սյունակներ:

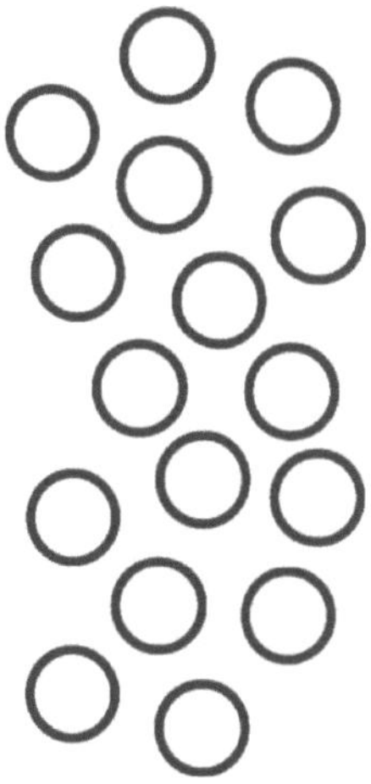

Դաս 5. Կազմե՛ք շարվածքներ՝ շարքերով և սյունակներով, և հաշվե՛ք ընդհանուր թիվը՝ առարկաների կիրառմամբ:

4. Հաշվե՛ք առարկաները շարվածքներում ձախից աջ՝ շարքերով և սյունակներով:
Հաշվելիս շրջանակի մեջ առե՛ք շարքերը, իսկ հետո՝ սյունակները:

a.

b.

5. 4-րդ խնդրի սմայլիկները և եռանկյունները նկարե՛ք որպես երեքական սյունակներ:

6. Նկարե՛ք 20 եռանկյունից բաղկացած շարվածք:

7. Ցույց տվե՛ք 20 եռանկյունով մեկ այլ շարվածք:

Օգտագործե՛ք մգացրած եռանկյունների շարվածքը՝ ստորև ներկայացված հարցերին պատասխանելու համար:

a. **4-ական 3 շարքեր = 12**

b. **3-ական 4 սյունակ = 12**

c. 4 + 4 + 4 = 12

d. Ավելացրեք ևս 1 շարք: Քանի՞ եռանկյուն կա հիմա: 16

Երբ ավելացվում է մեկ այլ տշարք կամ սյուն, նույնն արվում է մեկ այլ խմբի կամ միավորի հետ: Ես պարզապես կարծում եմ, որ 12 + 4 = 16:

e. Ձեր կողմից նոր պատրաստված շարվածքից հանե՛ք 1 սյունակ: Քանի՞ եռանկյուն կա հիմա: 12

Երբ շարքը կամ սյունը հանվում է, ես հանում եմ մեկ խումբ կամ միավոր: Գիտեմ, որ 16-ից 4-ով պակասը 12-ն է:

Անուն _____ Ամսաթիվ _____

1. Լրացրե՛ք յուրաքանչյուր բացակայող մասը՝ նկարագրելով յուրաքանչյուր շարվածքը։

Շրջանակի մեջ առեք շարքերը։

a.

3 շարք _____ = _____

____ + ____ + ____ = ____

Շրջանակի մեջ առեք սյունակները։

b.

4 սյունակ _____ = _____

____ + ____ + ____ + ____ = ____

Շրջանակի մեջ առեք շարքերը։

c. 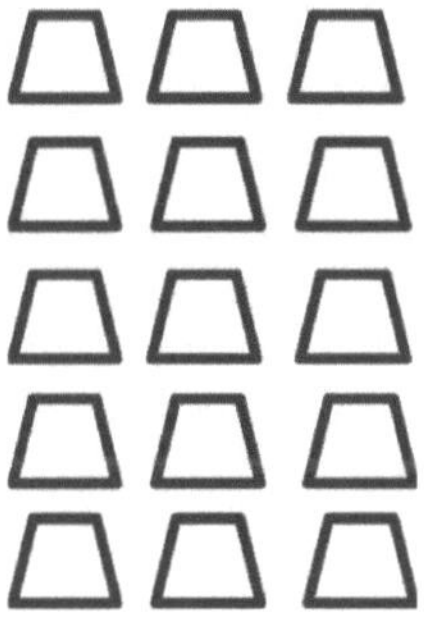 △△△
△△△
△△△
△△△
△△△

5 շարք _____ = _____

____ + ____ + ____ + ____ + ____ = ____

Շրջանակի մեջ առեք սյունակները։

d. 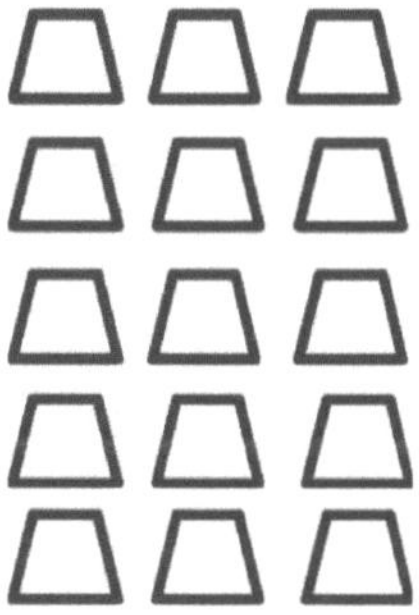 △△△
△△△
△△△
△△△
△△△

3 սյունակ _____ = _____

____ + ____ + ____ = ____

2. Օգտագործե՛ք սմայլիկների շարվածքը՝ ստորև ներկայացված հարցերին պատասխանելու համար:

   a. _____ շարք _____ = _____

   b. _____ սյունակ _____ = _____

   c. _____ + _____ + _____ = _____

   d. Ավելացրեք ևս 1 շարք: Քանի՞ սմայլիկ կա հիմա: _____

   e. 2 (d) վարժության մեջ ձեր ստեղծած նոր շարվածքին ավելացրեք ևս 1 սյունակ: Քանի՞ սմայլիկ կա հիմա: _____

3. Հիմք ընդունելով քառակուսիների շարվածքը՝ պատասխանե՛ք ստորև ներկայացված հարցերին:

   a. _____ + _____ + _____ + _____ = _____

   b. _____ շարք _____ = _____

   c. _____ սյունակ _____ = _____

   d. Հեռացրեք 1 շարքը: Քանի՞ քառակուսի կա հիմա: _____

   e. 3 (d) վարժության մեջ ձեր ստեղծած նոր շարվածքից հեռացրեք 1 սյունակ: Քանի՞ քառակուսի կա հիմա: _____

1. Նկարեք X-երի շարվածքն այնպես, որպեսզի այն ունենա 3 սյունակ՝ յուրաքանչյուրում 4 հատ: Գծե՛ք ուղղահայաց գծեր՝ սյունակներն առանձնացնելու համար: Լրացրեք բաց թողնվածները:

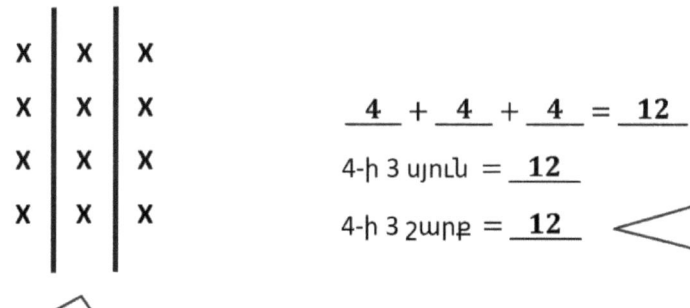

4 + **4** + **4** = **12**

4-ի 3 սյուն = **12**

4-ի 3 շարք = **12**

Այս խնդրի դեպքում սյունակը խումբն է, բայց ես պատկերացնում եմ շարվածքը և տեսնում 4-ի 3 տողերը:

4-ի 3 սյուները և 4-ի 3 շարքերը նույն շարվածքն է: Դա պարզապես նույն քանակության այլ տարբերակ է:

2. Գծե՛ք X-երի աղյուսակ 1 սյունակով ավելի, քան այն 4-ը, որոնք ցուցադրված են վերոնշյալ շարվածքում: Գրեք կրկնվող գումարման հավասարում՝ գտնելու համար X-երի ընդհանուր թիվը:

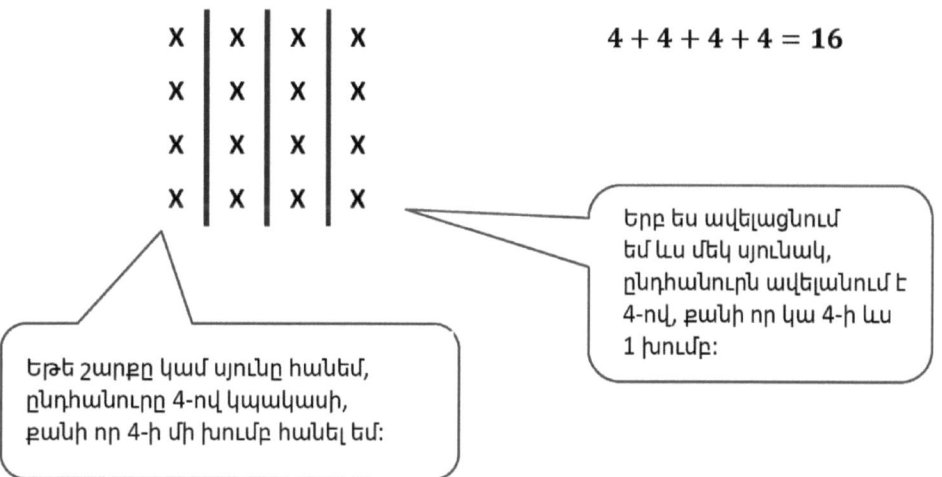

4 + 4 + 4 + 4 = 16

Երբ ես ավելացնում եմ ևս մեկ սյունակ, ընդհանուրն ավելանում է 4-ով, քանի որ կա 4-ի ևս 1 խումբ:

Եթե շարքը կամ սյունը հանեմ, ընդհանուրը 4-ով կպակասի, քանի որ 4-ի մի խումբ հանել եմ:

Անուն _____ Ամսաթիվ _____

1. a. Շարվածքի մեկ շարքը գծված է ստորև։ Լրացրե՛ք X-ով շարվածքը՝ 5-ի 4 շարքեր ստանալու համար։ Գծե՛ք հորիզոնական գծեր՝ շարքերն առանձնացնելու համար։

   X X X X X

   b. Գծե՛ք X-երով շարվածք, որտեղ կա 5-երի 4 սյունակ։ Գծե՛ք ուղղահայաց գծեր՝ սյունակներն առանձնացնելու համար։ Լրացրեք բաց թողնվածները։

   _____ + _____ + _____ + _____ = _____

   5-երի 4 շարք = _____

   5-երի 4 սյունակ = _____

2. a. Գծե՛ք X-երի շարվածք, որտեղ կա 4-երի 3 սյունակ։

   b. Գծե՛ք X-երի շարվածք՝ 4-երի 3 շարքով։ Լրացրեք բացատները ստորև։

   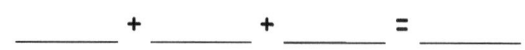

   _____ + _____ + _____ = _____

   4-երի 3 սյունակ = _____

   4-երի 3 շարք = _____

ՄԻԱՎՈՐՆԵՐԻ ՊԱՏՄՈՒԹՅՈՒՆ   Դաս 7 Տնային աշխատանք 2•6

Հաջորդ խնդիրներում առանձնացրե՛ք շարքերը կամ սյունակները հորիզոնական կամ ուղղահայաց գծերով:

3. Գծե՛ք X-ների շարվածք 3-ների 3 շարքով:

   _____ + _____ + _____ = _____

   3-ների 3 շարք = _____

4. Գծե՛ք X-ներով շարվածք 3-ներից կազմված 2 շարքով ավելի, քան 3-րդ խնդրի շարվածքում: Գրեք կրկնվող գումարման հավասարում` X-երի ընդհանուր թիվը գտնելու համար:

5. Գծե՛ք X-ների աղյուսակ 1-ով պակաս սյունակով, քան 4-րդ խնդրի շարվածքում: Գրեք կրկնվող գումարման հավասարում` X-երի ընդհանուր թիվը գտնելու համար:

1. Ստեղծեք քառակուսիներով շարվածք:

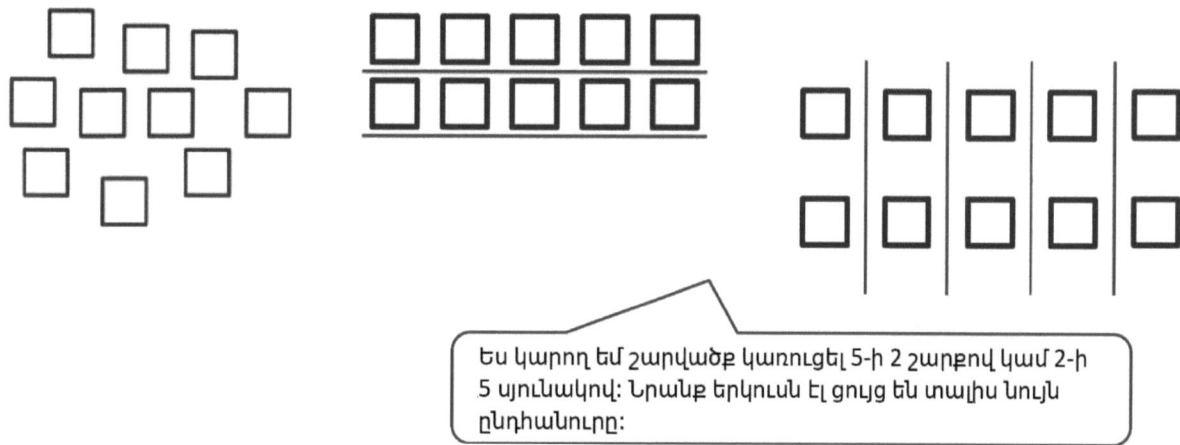

Ես կարող եմ շարվածք կառուցել 5-ի 2 շարքով կամ 2-ի 5 սյունակով: Նրանք երկուսն էլ ցույց են տալիս նույն ընդհանուրը:

2. Հիմք ընդունելով քառակուսիների շարվածքը՝ պատասխանե՛ք ստորև ներկայացված հարցերին:

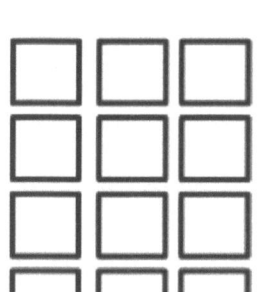

a. Մեկ շարքում կա **3** քառակուսի:

b. Մեկ սյունակում կա **4** քառակուսի:

c. **4** + **4** + **4** = **12**

d. **4-ի** 3 սյուները = **3-ի** **4** շարքի = ընդհանուր **12** :

Քանի որ կա 3 գումարելի, ես գիտեմ, որ այս կրկնվող գումարման հավասարումը վերաբերում է սյուներին:

3. Պատկերեք դիագրամ՝ ձեր կրկնվող գումարման հավասարման և շարվածքին համապատասխան:

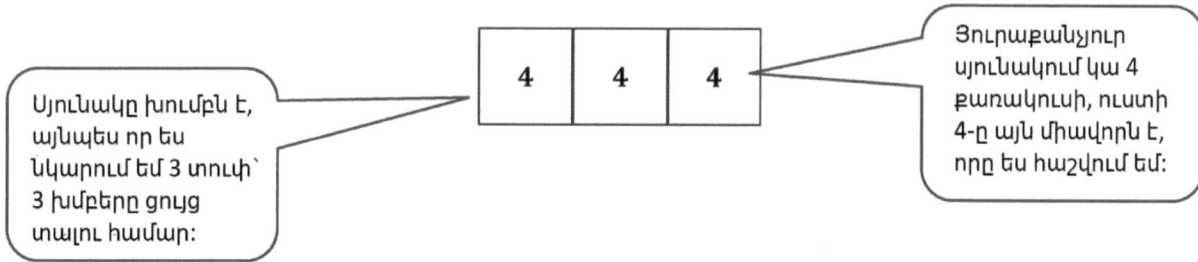

Սյունակը խումբն է, այնպես որ ես նկարում եմ 3 տուփ՝ 3 խմբերը ցույց տալու համար:

Յուրաքանչյուր սյունակում կա 4 քառակուսի, ուստի 4-ը այն միավորն է, որը ես հաշվում եմ:

ՄԻԿՎՈՐՆԵՐԻ ՊԱՏՄՈՒԹՅՈՒՆ　　　　　Դաս 8　Տնային աշխատանք　2•6

Անուն _____ Ամսաթիվ _____

1. Ստեղծեք քառակուսիներով շարվածք:

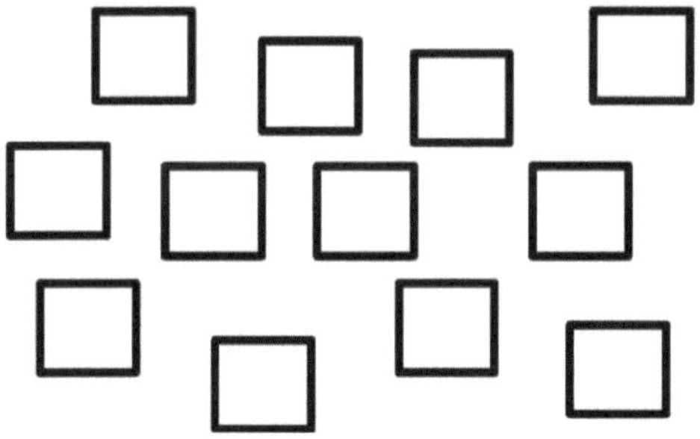

   _____
   _____

2. Ստեղծե՛ք շարվածք վերևում պատկերված խմբից քառակուսիներով:

3. Հիմք ընդունելով քառակուսիների շարվածքը՝ պատասխանե՛ք ստորև ներկայացված հարցերին:

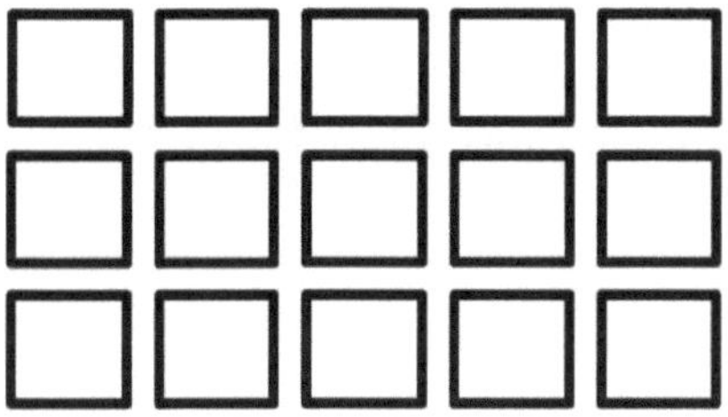

   a. Յուրաքանչյուր շարքում կա ___ քառակուսի:

   b. ____ + ____ + ____ = ____

   c. Յուրաքանչյուր սյունակում կա ___ քառակուսի:

   d. ____ + ____ + ____ + ____ + ____ = ____

EUREKA MATH

Դաս 8.　Ստեղծեք շարվածքներ քառակուսի սալիկներով՝ դրանց միջև թողնելով արանքներ:

4. Հիմք ընդունելով քառակուսիների շարվածքը՝ պատասխանե՛ք ստորև ներկայացված հարցերին:

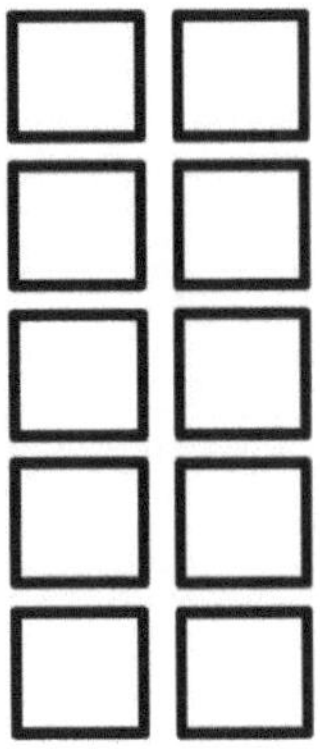

   a. Մեկ շարքում կա _____ քառակուսի:

   b. Մեկ սյունակում կա _____ քառակուսի:

   c. _____ + _____ = _____

   d. -ների 2 սյունակ _____ = _____ -ների շարք _____
      = _____ ընդամենը

5. a. Նկարե՛ք 15 քառակուսիներով շարվածք, որը 3 քառակուսի ունի յուրաքանչյուր սյունակում:

   b. Գրե՛ք շարվածքին համապատասխանող կրկնվող գումարման հավասարում:

6. a. Գծե՛ք 20 քառակուսիներով շարվածք, որը յուրաքանչյուր սյունակում ունի 5 քառակուսի:

   b. Գրե՛ք շարվածքին համապատասխանող կրկնվող գումարման հավասարում:

   c. Պատկերեք դիագրամ ձեր կրկնվող գումարման հավասարման և շարվածքին համապատասխան:

1. Յուրաքանչյուր բառային խնդրի համար գծե՛ք շարվածք: Գրեք յուրաքանչյուր շարվածքին համապատասխանող կրկնվող գումարման հավասարում:

   Ջեյսոնը հավաքեց մի քանի քար: Նա դասավորեց դրանք 5 շարքով՝ յուրաքանչյուրում 3 քար: Ընդամենը քանի՞ քար էր հավաքել Ջեյսոնը:

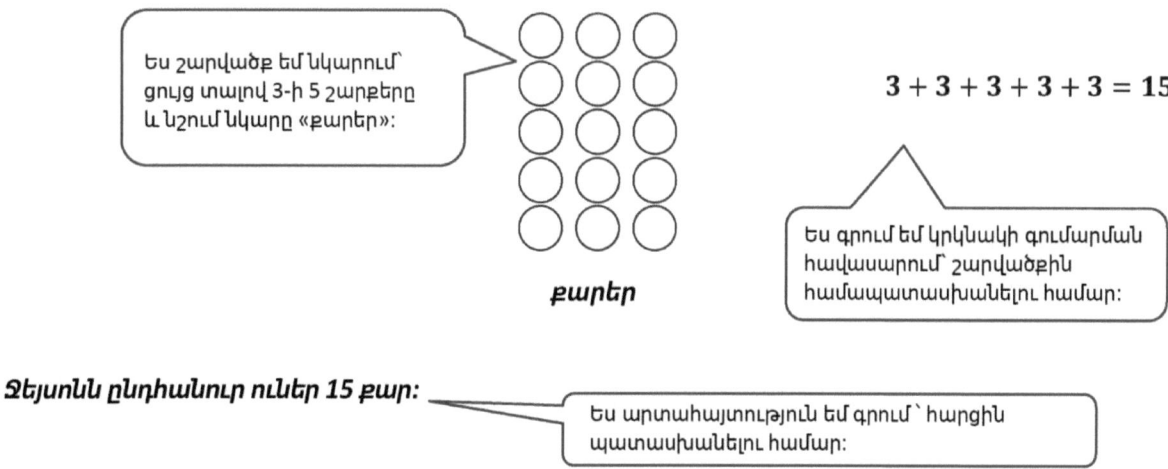

   Ես շարվածք եմ նկարում՝ ցույց տալով 3-ի 5 շարքերը և նշում նկարը «քարեր»:

քարեր

$$3 + 3 + 3 + 3 + 3 = 15$$

   Ես գրում եմ կրկնակի գումարման հավասարում՝ շարվածքին համապատասխանելու համար:

   Ջեյսոնն ընդհանուր ուներ 15 քար:

   Ես արտահայտություն եմ գրում՝ հարցին պատասխանելու համար:

2. Ամեն խնդրի համար նկարեք ժապավենաձև դիագրամ: Գրեք կրկնվող գումարման հավասարում՝ յուրաքանչյուր ժապավենաձև դիագրամին համապատասխան:

   Մարիայի 4 ընկերներից յուրաքանչյուրն ունի 5 մարկեր: Ընդամենը քանի՞ մարկերներ ունեն Մարիայի ընկերները:

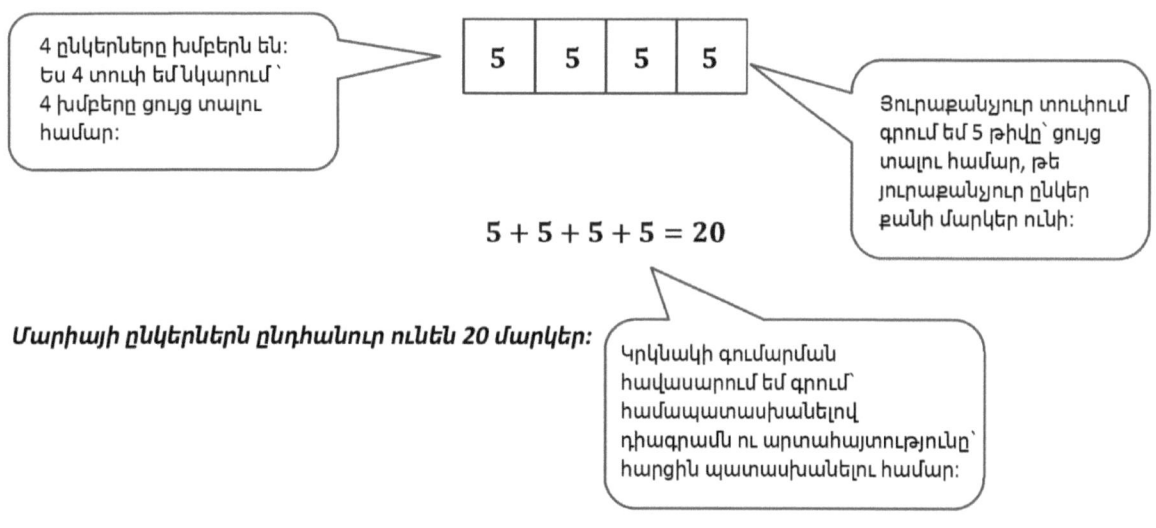

   4 ընկերները խմբերն են: Ես 4 տուփ եմ նկարում՝ 4 խմբերը ցույց տալու համար:

Յուրաքանչյուր տուփում գրում եմ 5 թիվը՝ ցույց տալու համար, թե յուրաքանչյուր ընկեր քանի մարկեր ունի:

$$5 + 5 + 5 + 5 = 20$$

   Մարիայի ընկերներն ընդհանուր ունեն 20 մարկեր:

   Կրկնակի գումարման հավասարում եմ գրում՝ համապատասխանելով դիագրամն ու արտահայտությունը՝ հարցին պատասխանելու համար:

ՄԻԱՎՈՐՆԵՐԻ ՊԱՏՄՈՒԹՅՈՒՆ   Դաս 9 Տնային աշխատանք 2•6

Անուն _____ Ամսաթիվ _____

Յուրաքանչյուր խնդրի համար գծե՛ք շարվածք: Գրեք յուրաքանչյուր շարվածքին համապատասխանող կրկնվող գումարման հավասարում:

1. Մելոդին դասավորեց իր բլոկերը 4-ական բլոկների 3 սյունակով: Ընդամենը քանի՞ բլոկ դասավորեց Մելոդին:

2. Մարտին դասավորեց դասասեղանները դասարանում 5 հավասար շարքերով: Յուրաքանչյուր շարքում կար 5 դասասեղան: Քանի՞ դասասեղան էր դասավորվել:

3. Հացթուխը պատրաստեց 5 սկուտեղ կեքս: Յուրաքանչյուր սկուտեղում տեղավորվում է 4 կեքս: Քանի՞ կեքս էր պատրաստել հացթուխը:

Դաս 9.   Լուծեք խնդիրներ, որտեղ ներառված են շարքերում և սյունակներում դասավորված հավասար խմբեր: 37

Copyright © Great Minds PBC

4. Գրադարանի գրքերը դարակներում էին 4-ական գրքից 4 տրցակներով: Քանի՞ գիրք կար դարակներում:

Ամեն խնդրի համար նկարեք ժապավենաձև դիագրամ: Գրեք կրկնվող գումարման հավասարում՝ յուրաքանչյուր ժապավենաձև դիագրամին համապատասխան:

5. Մերին տեղադրեց ստիկերներ 4-ական ստիկերից կազմված սյունակներում: Նա կազմեց 5 սյունակ: Քանի՞ ստիկեր նա օգտագործեց:

6. Ջեյդենն իր բեյսբոլի քարտերը դասավորեց 3-ական քարտից կազմված 5 սյունակում իր գրքում: Քանի՞ քարտ Ջեյդենը դրեց իր գրքի մեջ:

Նկարե՛ք ժապվենաձև դիագրամ և շարվածք: Այնուհետև գրեք կրկնվող գումարման համապատասխան հավասարում:

7. Խաղը, որը Վիլյամը գնել էր, ուներ բիլիարդի գնդակների 3 տողրակ: Ամեն տողրակում կար 3 գնդակ: Ընդամենը քանի՞ գնդակ կար խաղի մեջ:

EUREKA MATH

ՄԻԱՎՈՐՆԵՐԻ ՊԱՏՄՈՒԹՅՈՒՆ   Դաս 10 Տնային աշխատանքների օգնական   2•6

1. Քառակուսի սալիկների օգնությամբ կառուցե՛ք հետևյալ ուղղանկյունները, որոնք չեն ունենա արանքներ և մեկը մյուսին չեն ծածկի։ Գրե՛ք յուրաքանչյուր կառուցվածքին համապատասխանող կրկնվող գումարման հավասարում:

Կառուցեք ուղղանկյուն՝ բաղկացած 2 շարքից՝ յուրաքանչյուրում 3 սալիկ:

Կառուցեք ուղղանկյուն՝ բաղկացած 2 սյունակից՝ յուրաքանչյուրում 3 սալիկ:

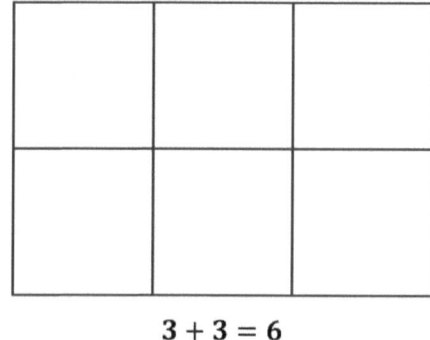

3 + 3 = 6

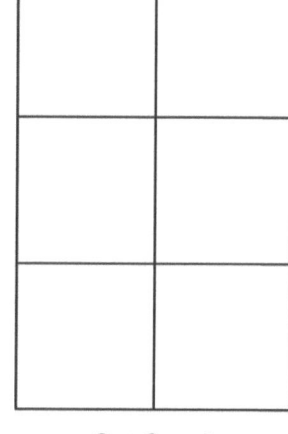

3 + 3 = 6

Ես պատրաստեցի 3 սալիկների 2 շարք։ Իմ շարվածքն ուղղանկյուն է։

Ես պատրաստեցի 3 սալիկների 2 սյուն։ Իմ շարվածքն ուղղանկյուն է։

Երկու շարվածքների հավասարումները և ընդհանուրները նույնն են, քանի որ երկուսն էլ ցույց են տալիս 3-ի 2 խումբ:

2. Կառուցե՛ք 4 սալիկից բաղկացած ուղղանկյուն, որը թվով հավասար շարքեր և սյունակներ ունի: Գրեք կրկնվող գումարման համապատասխան հավասարում:

Կա 2 շարք և 2 սյունակ:

Շարքերում նույն քանակի քառակուսի սալիկներն եմ դնում, ինչը սյունակներում, այնպես որ ես ստացա քառակուսի:

2 + 2 = 4

Դաս 10.   Քառակուսի սալիկների օգնությամբ կառուցե՛ք ուղղանկյուն՝ օգտագործելով շարվածքների մոդելները:

ՄԻԿՎՈՐՆԵՐԻ ՊԱՏՄՈՒԹՅՈՒՆ   Դաս 10 Տնային աշխատանք   2•6

Անուն _____   Ամսաթիվ _____

Կտրե՛ք ստորև ներկայացված քառակուսի սալիկները և կառուցե՛ք հետևյալ շարվածքները, որոնք իրար միջև արանքներ չունեն և իրար չեն ծածկում։ Ուղիղի վրա գրե՛ք կրկնվող գումարման հավասարում՝ ուղիղի վրա յուրաքանչյուր կառույցին համապատասխանելու համար։

1. a. Կառուցեք ուղղանկյուն՝ բաղկացած 2 շարքից՝ յուրաքանչյուրում 4 սալիկ։

   b. Կառուցեք ուղղանկյուն՝ բաղկացած 2 սյունակից՝ յուրաքանչյուրում 4 սալիկ։

   _____   _____

2. a. Կառուցեք ուղղանկյուն՝ բաղկացած 3 շարքից՝ յուրաքանչյուրում 2 սալիկ։

   b. Կառուցեք ուղղանկյուն՝ բաղկացած 3 սյունակից՝ յուրաքանչյուրում 2 սալիկ։

   _____   _____

3. a. Կառուցե՛ք ուղղանկյուն՝ օգտագործելով 10 սալիկ։

   b. Կառուցե՛ք ուղղանկյուն՝ օգտագործելով 12 սալիկ։

   _____   _____

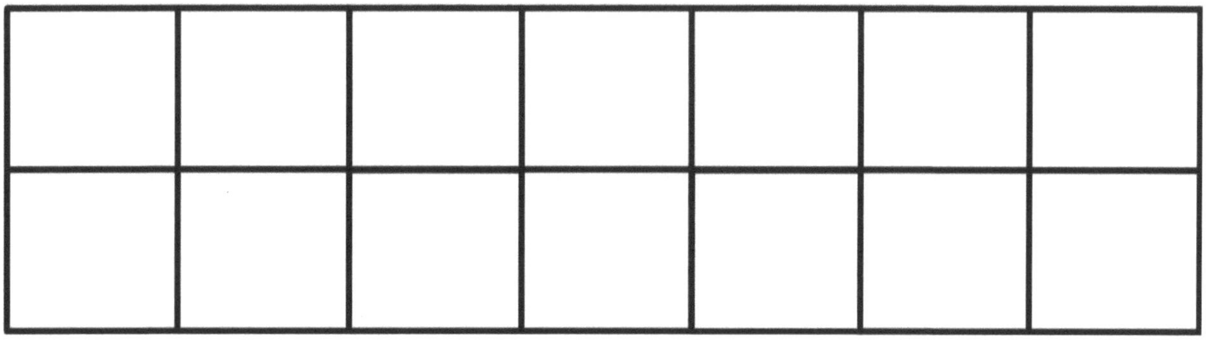

Դաս 10. Քառակուսի սալիկների օգնությամբ կառուցե՛ք ուղղանկյուն՝ օգտագործելով շարվածքների մոդելները։

41

4. a. Ի՞նչ պատկեր է իրենից ներկայացնում ստորև ներկայացված շարվածքը: _____

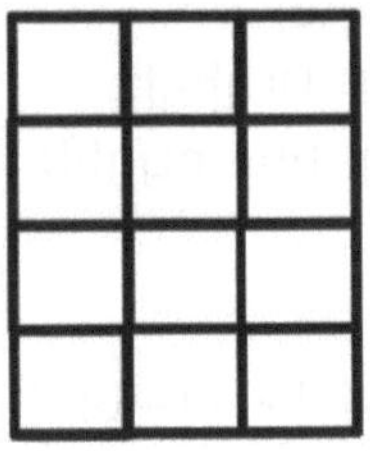

b. Ստորև ներկայացված տեղում նկարե՛ք վերոնշյալ պատկերը ևս մեկ սյունակով:

c. Հիմա ի՞նչ պատկեր է իրենից ներկայացնում շարվածքը: _____

d. Նկարե՛ք սալիկների մեկ այլ շարվածք, որն ունի նույն պատկերը, ինչ 4(c)-ն:

1. Կառուցեք 20 քառակուսի սալիկներով շարվածք:

Գրե՛ք շարվածքին համապատասխանող կրկնվող գումարման հավասարում:

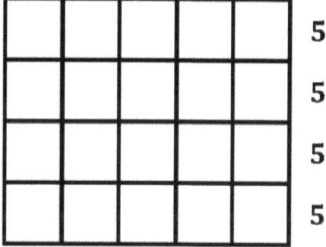

$\underline{5 + 5 + 5 + 5 = 20}$

Կարող եմ 5-ական սալիկների 4 շարք կազմել և գրել կրկնվող գումարման հավասարում՝ դրան համապատասխան: 5-երով հաշվելը հեշտ է:

Վերադասավորե՛ք 20 քառակուսի սալիկները մեկ այլ ձևով:

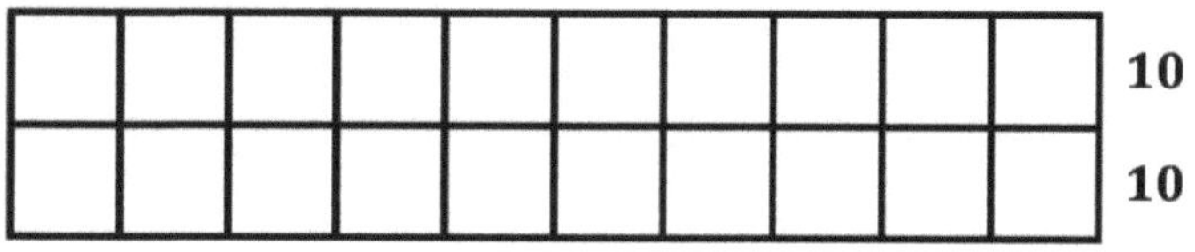

Գրե՛ք նոր շարվածքին համապատասխանող կրկնվող գումարման հավասարում:

$\underline{10 + 10 = 20}$

Ես կարող եմ վերադասավորել սալիկները, որպեսզի 10 սալիկների 2 շարքից բաղկացած մեկ այլ շարվածք ստանամ: Ես կարող եմ օգտագործել իմ զույգ թվերը՝ `ընդհանուրը գտնելու համար. 10 + 10 = 20:

2. Կառուցե՛ք 2 շարվածք 16 քառակուսի սալիկներով:

Եթե ես այնպես դասավորեմ 8-ի 2 շարքերից բաղկացած շարվածքը, որ ստացվի կանգնած շարվածք, կունենամ 2-ի 8 շարք: Գիտեմ, որ 8 + 8-ը հավասար է 2 + 2 + 2 + 2 + 2 + 2 + 2 + 2-ին:

2 շարք՝ յուրաքանչյուրում <u>8</u> հատ = <u>16</u>

2 շարք՝ յուրաքանչյուրում <u>8</u> հատ = 8 շարք՝ յուրաքանչյուրում <u>2</u> հատ

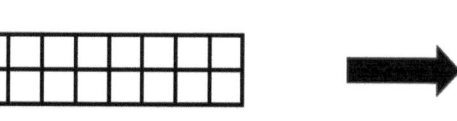

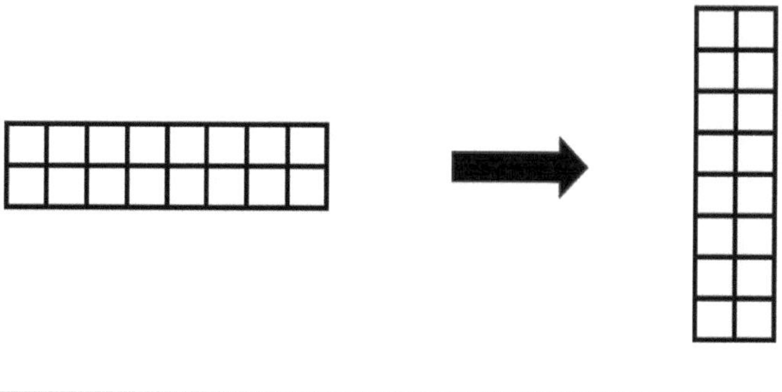

ՄԻԱՎՈՐՆԵՐԻ ՊԱՏՄՈՒԹՅՈՒՆ   Դաս 11 Տնային աշխատանք 2•6

Անուն _____ Ամսաթիվ _____

1. a. Կառուցե՛ք շարվածք 9 քառակուսի սալիկներով:
   b. Գրե՛ք շարվածքին համապատասխանող կրկնվող գումարման հավասարում:

   _____

2. a. Կառուցե՛ք շարվածք 10 քառակուսի սալիկներով:
   b. Գրե՛ք շարվածքին համապատասխանող կրկնվող գումարման հավասարում:

   _____

   c Վերադասավորե՛ք 10 քառակուսի սալիկները մեկ այլ ձևով:
   d. Գրեք նոր շարվածքին համապատասխանող կրկնվող գումարման հավասարում:

   _____

Կտրե՛ք յուրաքանչյուր քառակուսի սալիկ: Օգտագործե՛ք սալիկները 1-4-րդ խնդիրներում շարվածքներ կառուցելու համար:

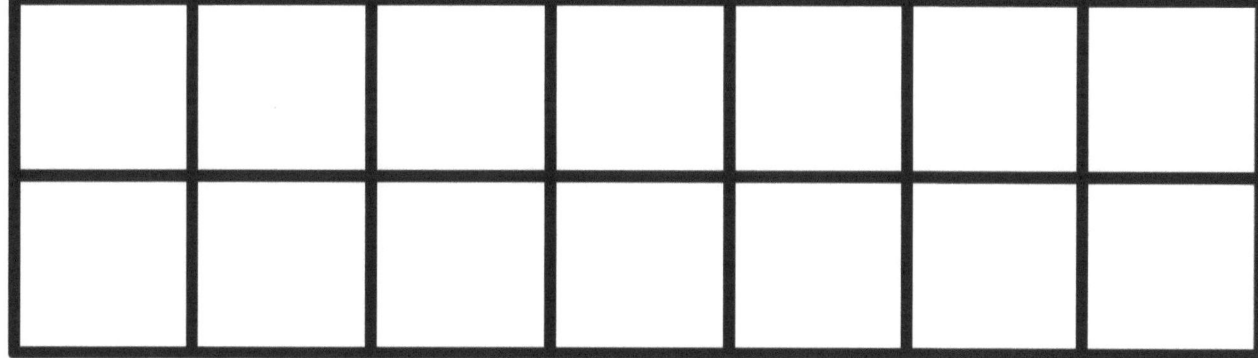

Դաս 11.   Քառակուսի սալիկների օգնությամբ կառուցեք ուղղանկյուն՝ օգտագործելով շարվածքների մոդելները:

45

4. a. Կառուցեք 12 քառակուսի սալիկներով շարվածք:
   b. Գրե՛ք շարվածքին համապատասխանող կրկնվող գումարման հավասարում:

   _____

   c. Վերադասավորե՛ք 12 քառակուսի սալիկները մեկ այլ ձևով:
   d. Գրե՛ք կրկնվող գումարման հավասարում նոր շարվածքին համապատասխան:

   _____

4. Կառուցե՛ք 2 շարվածք 14 քառակուսի սալիկներով:
   a. -ից կազմված 2 շարք _____ = _____

   b. -ից կազմված 2 շարք _____ = -ից կազմված 7 շարք _____

1. 4-ի 3 սյունակով շարվածք կազմելու համար հետևեք քառակուսի սալիկին:

Ինձ համար կարևոր է ճշգրիտ լինել, երբ ես սալիկով շարվածք եմ կազմում: Ես չեմ կարող բացեր կամ համընկնումներ ունենալ:

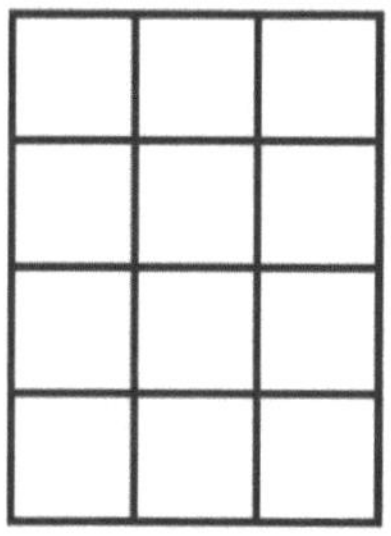

Այս ուղղանկյունը ցույց է տալիս, որ ես կարող եմ ավելի փոքր միավոր կազմել փոքր միավորներից: Յուրաքանչյուր սյունը 4 միավոր է: 4-ի 3 սյուն կա, ուստի 4 + 4 + 4 = 12:

4-ի 3 սյուն = __12__

__4__ + __4__ + __4__ = __12__

2. Լրացրեք հետևյալ շարվածքները, որպեսզի դրանք չունենան արանքներ և մեկը մյուսին չծածկեն: Առաջին սալիկը պատկերված է:

2-ի 5 շարք

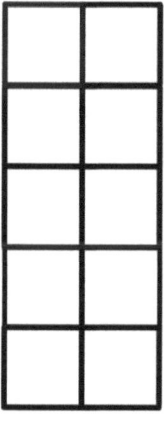

Նախ, ես կարող եմ սկսել հաջորդ քառակուսու վերին մասից: Գծի երկարությունը մոտավորապես նույն երկարությունն է, որքան առաջին սալիկը: Հաջորդը, ես կարող եմ գծապատկերի ներքևի գիծը գծել `վերին գծի երկարությանը համապատասխանելու համար:

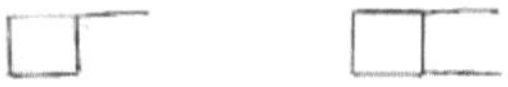

Այնուհետև ես կարող եմ փակել քառակուսին` տանելով երրորդ գիծը:

Ես կարող եմ շարունակել այս օրինակը `2-ի և 4 շարքեր կազմելով հենց առաջին երկու քառակուսիների ներքևում:

Դաս 12. Մաթեմատիկական գծագրերի օգնությամբ քառակուսի սալիկներով կազմեք ուղղանկյուն:

47

Անուն ______________________________ Ամսաթիվ ______________

1. Կտրե՛ք և հետագծե՛ք քառակուսի սալիկ՝ 4-երից բաղկացած 2 շարքով շարվածք գծելու համար:

Կտրեք և հետագծեք:

4-ից կազմված 2 շարք = __________

______ + ______ = ______

2. Հետագծե՛ք քառակուսի սալիկ՝ 5-երից բաղկացած 3 սյունակով շարվածք գծելու համար:

5-երից կազմված 3 սյունակ = __________

______ + ______ + ______ = ______

EUREKA MATH Դաս 12. Մաթեմատիկական գծագրերի օգնությամբ քառակուսի սալիկներով կազմեք ուղղանկյուն: 49

3. Լրացրեք հետևյալ շարվածքները, որպեսզի դրանք չունենան արանքներ և մեկը մյուսին չծածկեն: Առաջին սալիկը պատկերված է:

a. 5-երից կազմված 4 շարք

b. 2-ներից կազմված 5 սյունակ

c. 3-ներից կազմված 4 սյունակ

1. Քայլ 1. Կառուցեք ուղղանկյուն, որը բաղկացած կլինի 5 սյունակից՝ յուրաքանչյուրում 3 սալիկ:

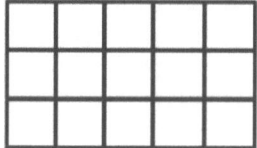

Քայլ 2. Առանձնացրեք 3 սյունակը՝ յուրաքանչյուրում 3 սալիկ:

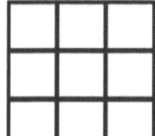

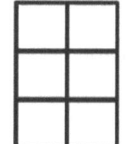

Ես տրոհում եմ 3-ի 5 սյունակները 2 ավելի փոքր ուղղանկյունի կամ մասերի: 3-ի 3 սյունակները և 3-ի 2 սյունակները կազմում են 3-ի 5 սյունակները:

Քայլ 3. Գրեք թվային կապ՝ ցույց տալու համար ամբողջը և երկու մասերը: Գրեք կրկնվող գումարման արտահայտություն՝ թվային կապի յուրաքանչյուր մասին համապատասխան:

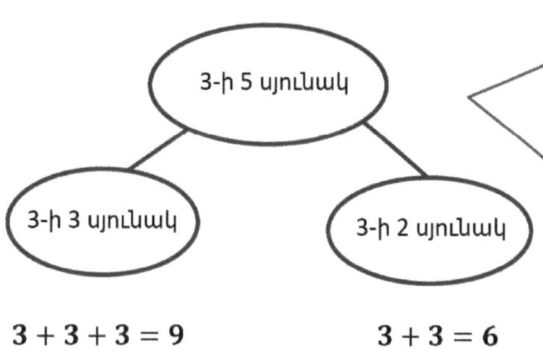

$3 + 3 + 3 = 9$

$3 + 3 = 6$

Ես կարող եմ իմ շարվածքներին համապատասխան թվային զույգ կազմել: Գիտեմ, որ ավելի մեծ ուղղանկյունը կարելի է տրոհել ավելի փոքր ուղղանկյունների, որովհետև 15-ը կարելի է տրոհել 9-ի և 6-ի:

2. Օգտագործեք 16 քառակուսի սալիկ՝ ուղղանկյուն կառուցելու համար:

   a. <u>4 շարք՝ յուրաքանչյուրում</u>
      <u>4 հատ</u> = <u>16</u>

   > Կարող եմ հեռացնել շարքը, որը 4 միավոր է, ուստի իմ նոր ուղղանկյունը ունի 12 քառակուսի սալիկ: 4 + 4 + 4 = 12

   b. Հեռացրեք 1 շարքը: Քանի՞ քառակուսի սալիկ կա հիմա: __12__

   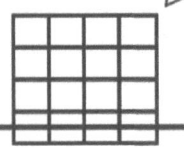

   c. Ձեր կողմից նոր կառուցված ուղղանկյունից հեռացրե՛ք 1 սյունակ մաս (b)-ում: Քանի՞ քառակուսի սալիկ կա հիմա: **9**

   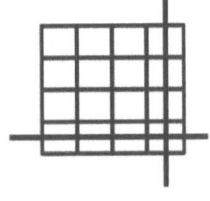

   > Այժմ ես կարող եմ հեռացնել մի սյունակ, որը 3 միավոր է: Իմ նոր ուղղանկյունն ունի 3 ավելի քիչ քառակուսի սալիկ, քան մասը (b)-ն.: 3 + 3 + 3 = 9

ՄԻԱՎՈՐՆԵՐԻ ՊԱՏՄՈՒԹՅՈՒՆ   Դաս 13 Տնային աշխատանք 2•6

Անուն _____ Ամսաթիվ _____

Կտրե՛ք և օգտագործե՛ք Ձեր քառակուսի սալիկները յուրաքանչյուր խնդրի քայլերը կատարելու համար:

Խնդիր 1

Քայլ 1. Կառուցեք ուղղանկյուն՝ բաղկացած 5 շարքից՝ յուրաքանչյուրում 2 սալիկ:

Քայլ 2. Առանձնացրեք 2 սյունակը՝ յուրաքանչյուրում 2 սալիկ:

Քայլ 3. Գրեք թվային կապը՝ ամբողջը և երկու մասերը ցույց տալու համար: Գրե՛ք կրկնվող գումարման արտահայտություն՝ թվային կապի յուրաքանչյուր մասին համապատասխան:

Խնդիր 2

Քայլ 1. Կառուցեք ուղղանկյուն, որը բաղկացած կլինի 4 սյունակից՝ յուրաքանչյուրում 3 սալիկ:

Քայլ 2. Առանձնացրեք 2 սյունակը՝ յուրաքանչյուրում 3 սալիկ:

Քայլ 3. Գրեք թվային կապը՝ ամբողջը և երկու մասերը ցույց տալու համար: Գրե՛ք կրկնվող գումարման արտահայտություն՝ թվային կապի յուրաքանչյուր մասին համապատասխան:

Դաս 13.   Օգտագործեք քառակուսի սալիկներ՝ ուղղանկյունը մասնատելու համար:

ՄԻԱՎՈՐՆԵՐԻ ՊԱՏՄՈՒԹՅՈՒՆ   Դաս 13 Տնային աշխատանք   2•6

3. Օգտագործեք 9 քառակուսի սալիկ` 3 շարքից բաղկացած ուղղանկյուն կառուցելու համար:

   a. _____ շարք _____ = _____

   b. Հեռացրեք 1 շարքը: Քանի՞ քառակուսի կա հիմա: _____

   c. 3(b) վարժության մեջ ձեր կառուցած նոր ուղղանկյունից հեռացրեք 1 սյունակ: Քանի՞ քառակուսի կա հիմա: _____

4. Օգտագործեք 14 քառակուսի սալիկ` ուղղանկյուն կառուցելու համար:

   a. _____ շարք _____ = _____

   b. Հեռացրեք 1 շարքը: Քանի՞ քառակուսի կա հիմա: _____

   c. 4(b) վարժության մեջ ձեր կառուցած նոր ուղղանկյունից հեռացրեք 1 սյունակ: Քանի՞ քառակուսի կա հիմա: _____

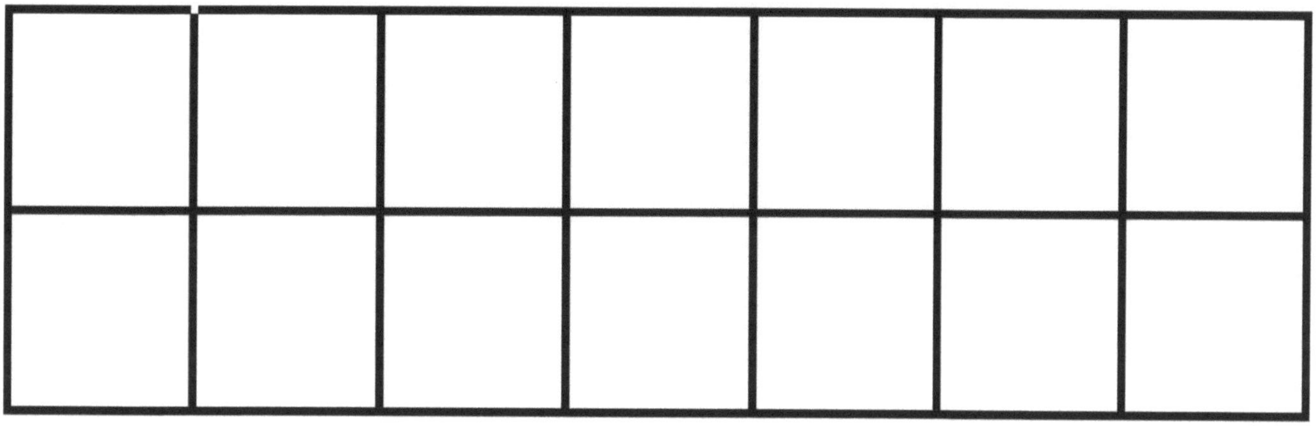

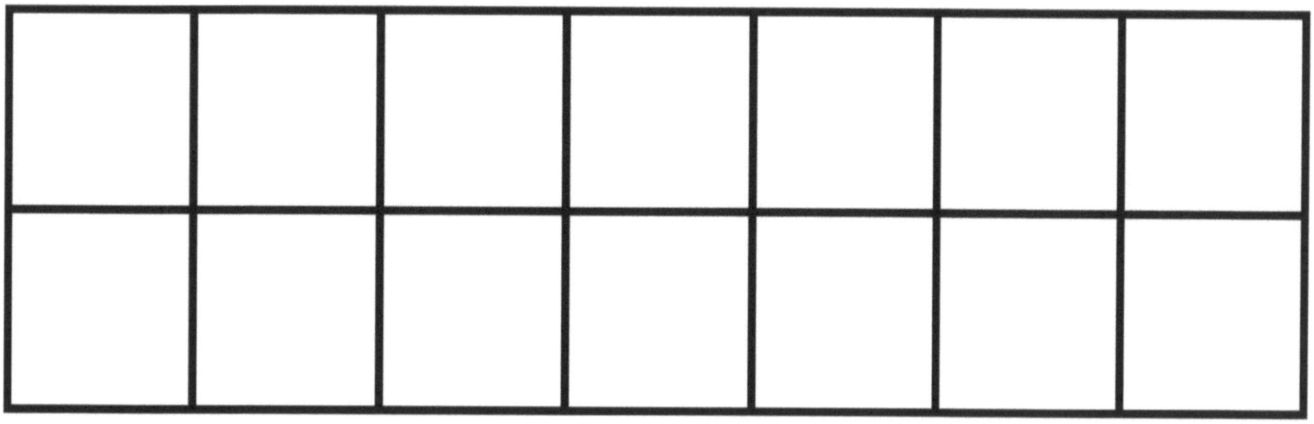

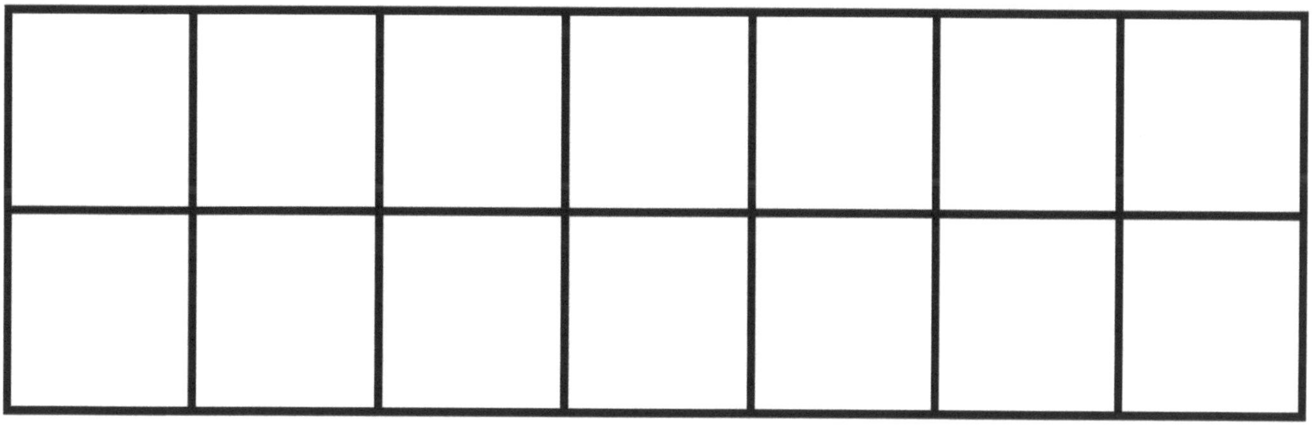

ՄԻԱՎՈՐՆԵՐԻ ՊԱՏՄՈՒԹՅՈՒՆ   Դաս 13 Զևանմուշ 2•6

քառակուսի սալիկներ

Դաս 13.   Օգտագործեք քառակուսի սալիկներ՝ ուղղանկյունը մասնատելու համար։

ՄԻԿՎՈՐՆԵՐԻ ՊԱՏՄՈՒԹՅՈՒՆ   Դաս 14 Տնային աշխատանքների օգնական   2•6

1. Պատկերացրե՛ք, որ հենց նոր կտրելով բաժանել եք այս ուղղանկյունը շարքերի։

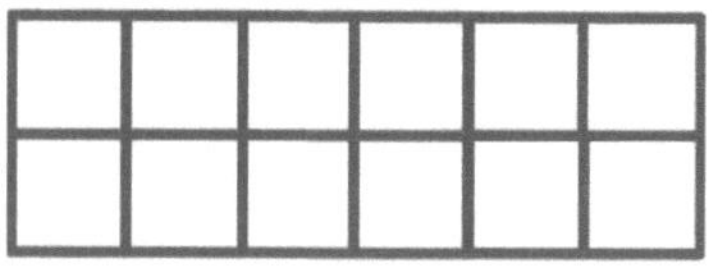

   a. Ի՞նչ եք տեսնում։ Նկար նկարեք։

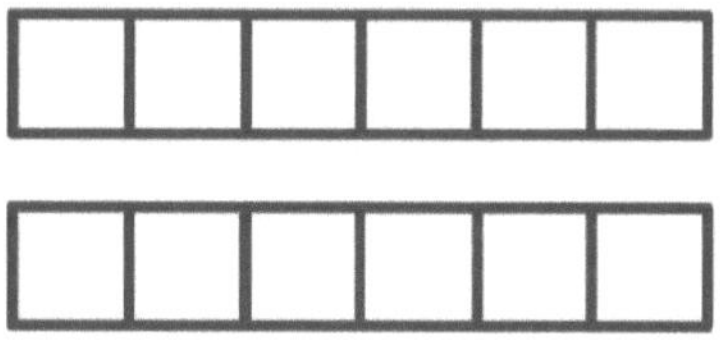

   > Ես կարող եմ նույն ուղղանկյունը շարքերի և սյուների տարրալուծել։ Ես տեսնում եմ 6-ի 2 շարք։

   Քանի՞ քառակուսի է յուրաքանչյուր շարքում: **6**

   b. Պատկերացրե՛ք, որ հենց նոր կտրելով բաժանել եք այս ուղղանկյունը սյունակների։ Ի՞նչ եք տեսնում։ Նկար նկարեք։

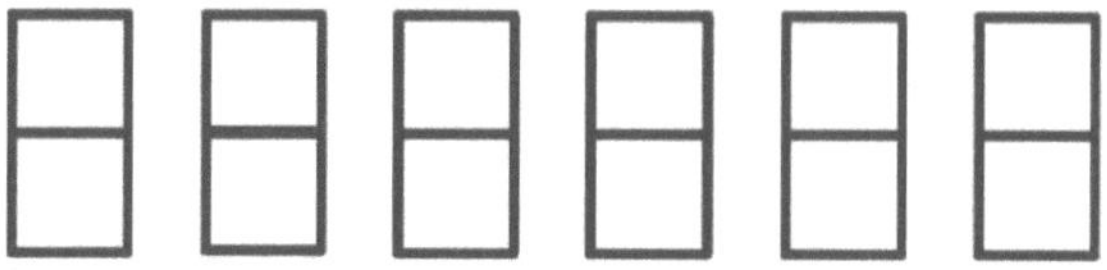

   Քանի՞ քառակուսի է յուրաքանչյուր սյունակում: **2**

   > Կարող եմ տեսնել նաև 2-ի 6 սյուն։

2. Ստեղծե՛ք մեկ այլ ուղղանկյուն՝ օգտագործելով նույն քանակի քառակուսիներ։

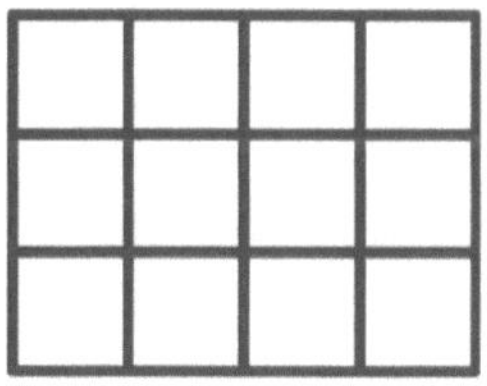

   > Նույն 12 քառակուսիով կարող եմ մեկ այլ ուղղանկյուն պատրաստել։ Ես կարող եմ վերադասավորել 2-ի 2 սյուները, որպես 4-ի 1 շարք։ Այժմ, իմ ուղղանկյունն ունի 4-ի 3 շարք։

   Քանի՞ քառակուսի է յուրաքանչյուր շարքում: **4**

   Քանի՞ քառակուսի է յուրաքանչյուր սյան մեջ: **3**

Դաս 14.   Մկրատի օգնությամբ ուղղանկյունը բաժանեք նույն չափսի քառակուսիների և դրանցով կազմեք շարվածքներ։

57

ՄԻԱՎՈՐՆԵՐԻ ՊԱՏՄՈՒԹՅՈՒՆ   Դաս 14 Տնային աշխատանք 2•6

Անուն _____   Ամսաթիվ _____

1. Պատկերացրե՛ք, որ հենց նոր կտրելով բաժանել եք այս ուղղանկյունը շարքերի:

   a. Ի՞նչ եք տեսնում: Նկար նկարեք:

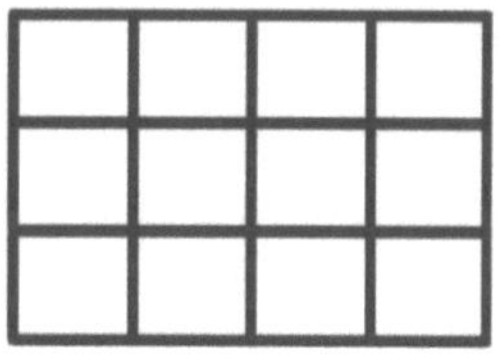

   Քանի՞ քառակուսի է յուրաքանչյուր շարքում: _____

   b. Պատկերացրե՛ք, որ հենց նոր կտրելով բաժանել եք այս ուղղանկյունը սյունակների: Ի՞նչ եք տեսնում: Նկար նկարեք:

   Քանի՞ քառակուսի է յուրաքանչյուր սյան մեջ: _____

2. Ստեղծե՛ք մեկ այլ ուղղանկյուն՝ օգտագործելով նույն քանակի քառակուսիներ:

   Քանի՞ քառակուսի է յուրաքանչյուր շարքում: _____

   Քանի՞ քառակուսի է յուրաքանչյուր սյան մեջ: _____

Դաս 14.   Մկրատի օգնությամբ ուղղանկյունը բաժանեք նույն չափսի քառակուսիների և դրանցով կազմեք շարվածքներ:

59

ՄԻԱՎՈՐՆԵՐԻ ՊԱՏՄՈՒԹՅՈՒՆ   Դաս 14 Տնային աշխատանք 2•6

3. Պատկերացրե՛ք, որ հենց նոր կտրելով բաժանել եք այս ուղղանկյունը շարքերի:

    a. Ի՞նչ եք տեսնում: Նկար նկարեք:

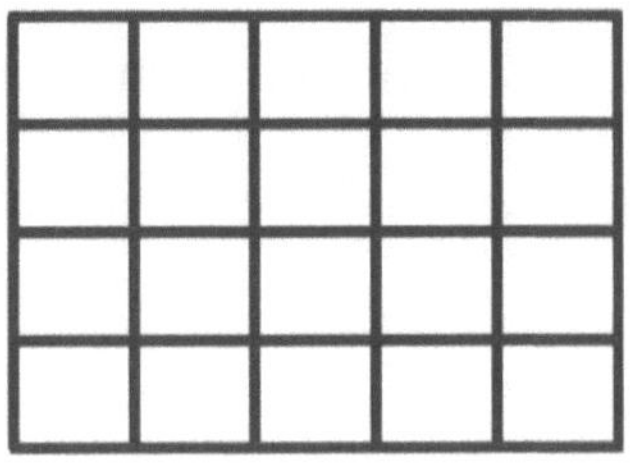

    Քանի՞ քառակուսի է յուրաքանչյուր շարքում: _____

    b. Պատկերացրե՛ք, որ հենց նոր կտրելով բաժանել եք այս ուղղանկյունը սյունակների: Ի՞նչ եք տեսնում: Նկար նկարեք:

    Քանի՞ քառակուսի է յուրաքանչյուր սյան մեջ: _____

4. Ստեղծե՛ք մեկ այլ ուղղանկյուն՝ օգտագործելով նույն քանակի քառակուսիներ:

    Քանի՞ քառակուսի է յուրաքանչյուր շարքում: _____
    Քանի՞ քառակուսի է յուրաքանչյուր սյան մեջ: _____

Դաս 14. Մկրատի օգնությամբ ուղղանկյունը բաժանեք նույն չափսի քառակուսիների և դրանցով կազմեք շարվածքներ:

1. Մգացրեք շարվածք՝ կազմված 5 սյունակից՝ յուրաքանչյուրում 4 քառակուսի:

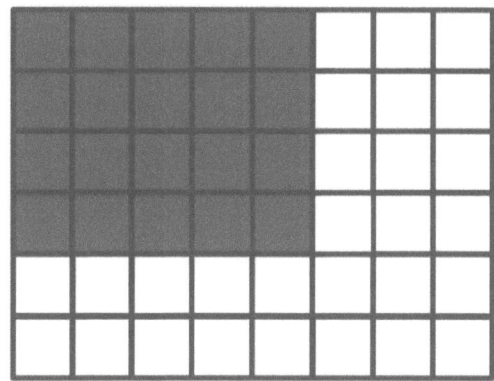

Կարող եմ ստվերել 4-ի 1 սյունակ, իսկ հետո 4-ի ևս 4 սյուներ: Կարող եմ ասել, որ յուրաքանչյուր սյունակ ունի 4 կամ խումբ, կամ միավոր:

Շարվածքի համար գրե՛ք կրկնվող գումարման հավասարում:

$4 + 4 + 4 + 4 + 4 = 20$

Ես տեսնում եմ 4-ի 5 սյունակ կամ 5 չորսեր: Կարող եմ օգտագործել կրկնումներ գումարման համար: 8 + 8 + 4 = 20. Ես ընդհանուր առմամբ ստվերել եմ 20 քառակուսի:

2. Նկարե՛ք ևս մեկ շարք և երկու սյունակ՝ նոր շարվածք կազմելու համար:

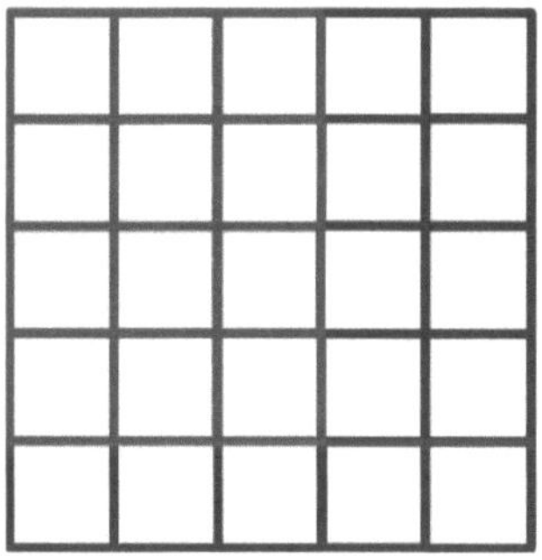

Նախ, ես կարող եմ 3-ի մեկ այլ շարքը գծել: Այժմ կան 3-ի 5 շարքեր: Այնուհետև ես կարող եմ ևս 2 սյունակ նկարել: Դա ընդհանուր առմամբ կազմում է 5-երի 5 սյուն:

Նոր շարվածքի համար գրեք կրկնվող գումարման հավասարում:

$5 + 5 + 5 + 5 + 5 = 25$

Ես տեսնում եմ 5-երի 5 շարք կամ 5 հինգեր: Կարող եմ հաշվել 5-երով: Ընդհանուր 25 քառակուսի կա:

Դաս 15. Մաթեմատիկական գծագրերի օգնությամբ բաժանեք ուղղանկյունը քառակուսի սալիկների և օգտագործեք կրկնվող գումարում: 61

Անուն ______________________________ Ամսաթիվ ______________

1. Մգացրեք շարվածք՝ կազմված 3 շարքից՝ յուրաքանչյուրում 2 քառակուսի:

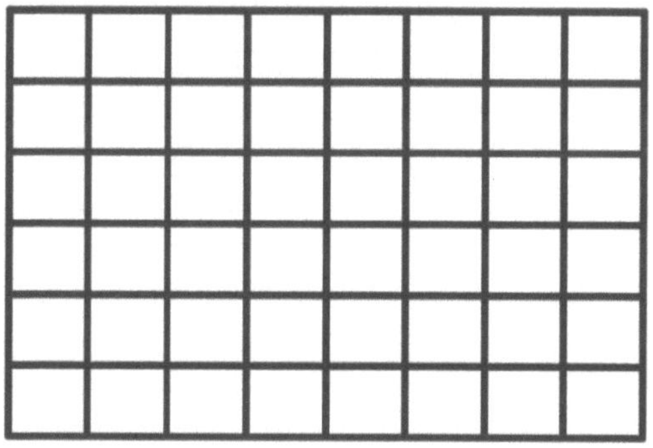

Շարվածքի համար գրե՛ք կրկնվող գումարման հավասարում:

____

2. Մգացրեք շարվածք՝ կազմված 2 շարքից՝ յուրաքանչյուրում 4 քառակուսի:

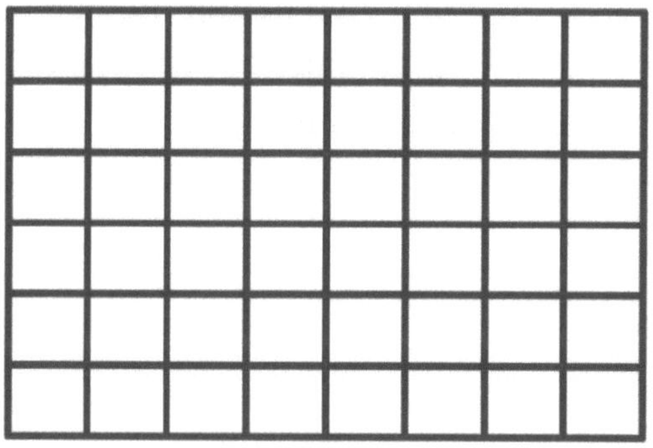

Շարվածքի համար գրե՛ք կրկնվող գումարման հավասարում:

____

3. Մգացրեք շարվածք՝ կազմված 4 սյունակից՝ յուրաքանչյուրում 5 քառակուսի:

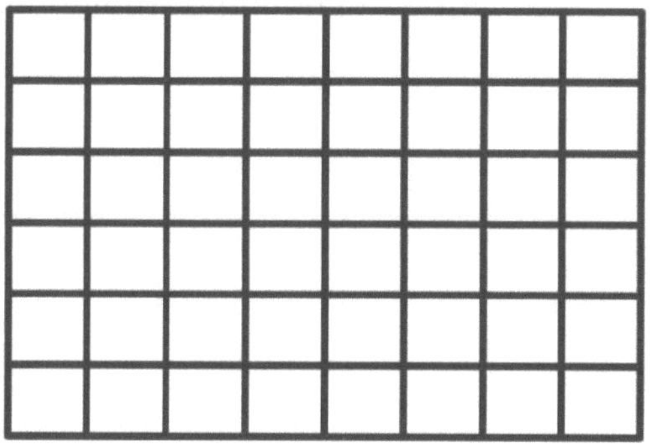

Շարվածքի համար գրե՛ք կրկնվող գումարման հավասարում:

____

Դաս 15. Մաթեմատիկական գծագրերի օգնությամբ բաժանեք ուղղանկյունը քառակուսի սալիկների և օգտագործեք կրկնվող գումարում: 63

ՄԻԱՎՈՐՆԵՐԻ ՊԱՏՄՈՒԹՅՈՒՆ   Դաս 15 Տնային աշխատանք   2•6

4. Նկարեք 2 քառակուսուց կազմված ևս մեկ սյունակ՝ նոր շարվածք կազմելու համար։

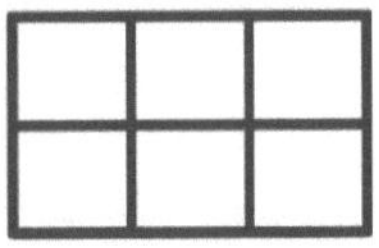

   Նոր շարվածքի համար
   գրեք կրկնվող գումարման
   հավասարում:

   _____

5. Նկարե՛ք 3 քառակուսուց կազմված ևս մեկ շարք և մեկ սյունակ՝ նոր շարվածք կազմելու համար։

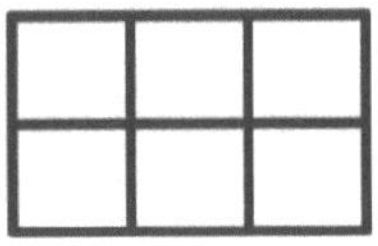

   Նոր շարվածքի համար
   գրեք կրկնվող գումարման
   հավասարում:

   _____

6. Նկարե՛ք ևս մեկ շարք և երկու սյունակ՝ նոր շարվածք կազմելու համար։

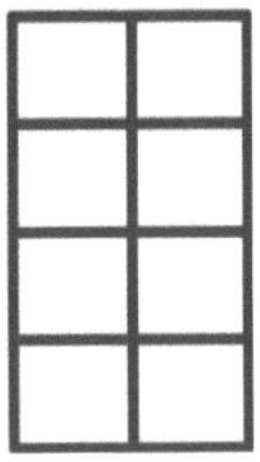

   Նոր շարվածքի համար
   գրեք կրկնվող գումարման
   հավասարում:

   _____

Դաս 15. Մաթեմատիկական գծագրերի օգնությամբ բաժանեք ուղղանկյունը քառակուսի սալիկների և օգտագործեք կրկնվող գումարում:

ՄԻԱՎՈՐՆԵՐԻ ՊԱՏՄՈՒԹՅՈՒՆ Դաս 16 Տնային աշխատանքների օգնական 2•6

1. Գունավորեք ձեր ստեղծած պատկերը միլիմետրաթղթի վրա:

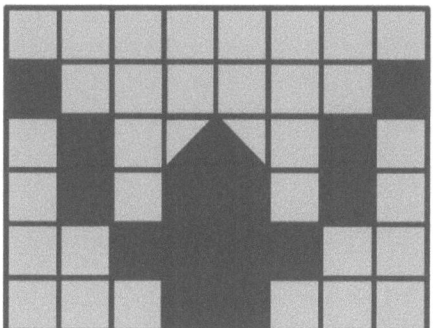

Ես կարող եմ օգտագործել քառակուսի սալիկներ `ուղղանկյունները միավորելու և տրոհելու համար: Տեսեք, ես տեսնում եմ, որ որոշ քառակուսիներ եռանկյունաձևեր պատրաստելու համար միայն կիսով չափ են մգեցրած: Երբ ձևավորում եմ անում, պետք է մեծ ուշադրություն դարձնեմ շարքերին և սյուներին, որպեսզի մգացնեմ ճիշտ քառակուսիները:

2. Օգտագործե՛ք գունավոր մատիտներ, որ ստեղծեք պատկեր թավ գունավորած քառակուսի բաժնում: Ստեղծե՛ք խճանկար՝ ամբողջությամբ կրկնելով պատկերը:

Հիմնական միավորը, որը ես կրկնում եմ, ունի 3 շարք և 3 սյուն: Ես կարող եմ նորից ստեղծել նույն դիզայնը `նույն ձևով ստվերելով: Ես գիտեմ, որ այս պատկերը կարող էր անվերջ շարունակվել, եթե շարունակեի կրկնել այն:

Դաս 16. Օգտագործեք միլիմետրաթուղթ՝ տարածական կառուցվածքներ ստեղծելու համար:

Անուն _____ Ամսաթիվ _____

1. Գունավորեք ձեր ստեղծած պատկերը միլիմետրաթղթի վրա։

   a.

   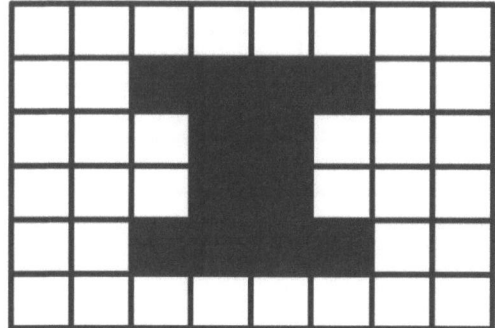 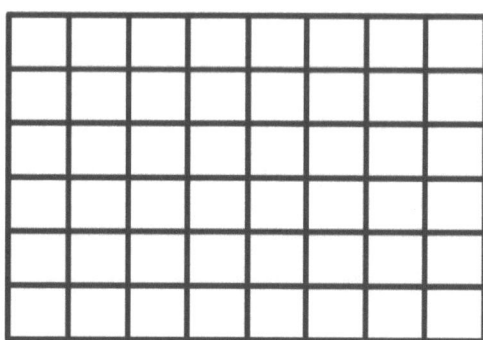

   b.

   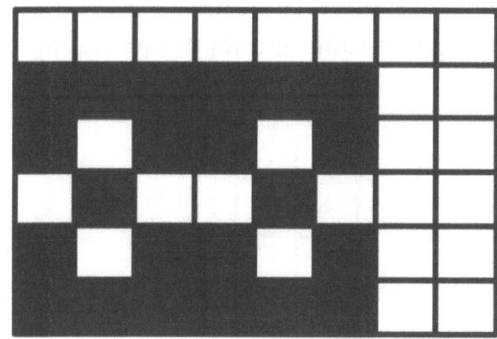 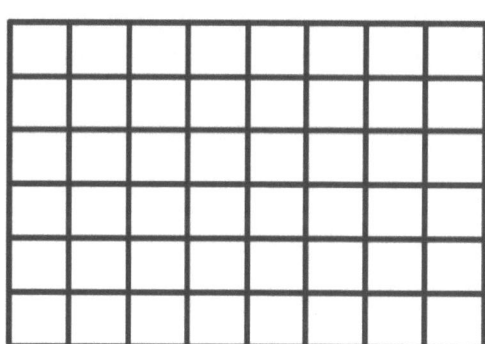

   c.

   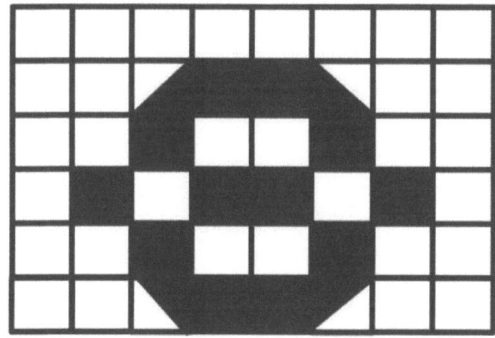 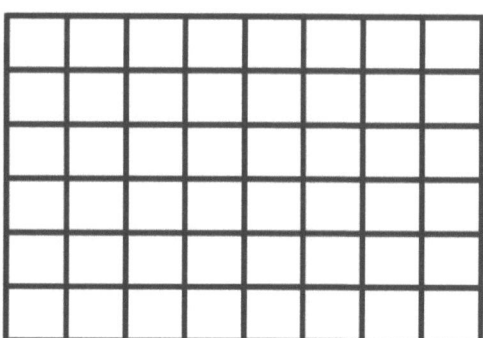

2. Ստեղծե՛ք երկու տարբեր պատկեր:

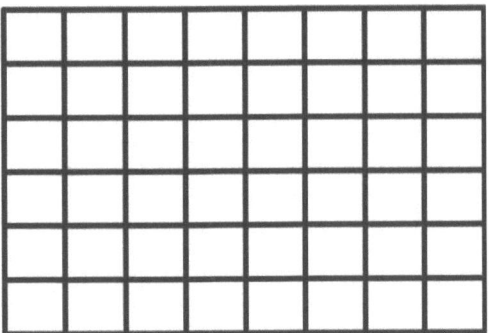 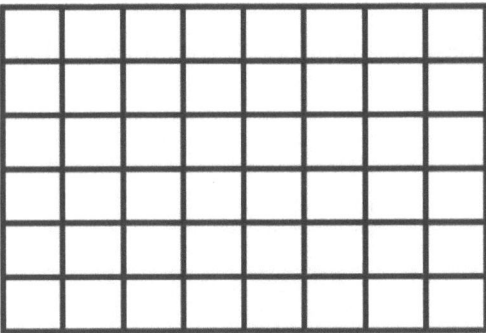

3. Օգտագործե՛ք գունավոր մատիտներ, որ ստեղծեք պատկեր թավ գունավորած քառակուսի բաժնում: Ստեղծե՛ք խճանկար՝ ամբողջությամբ կրկնելով պատկերը:

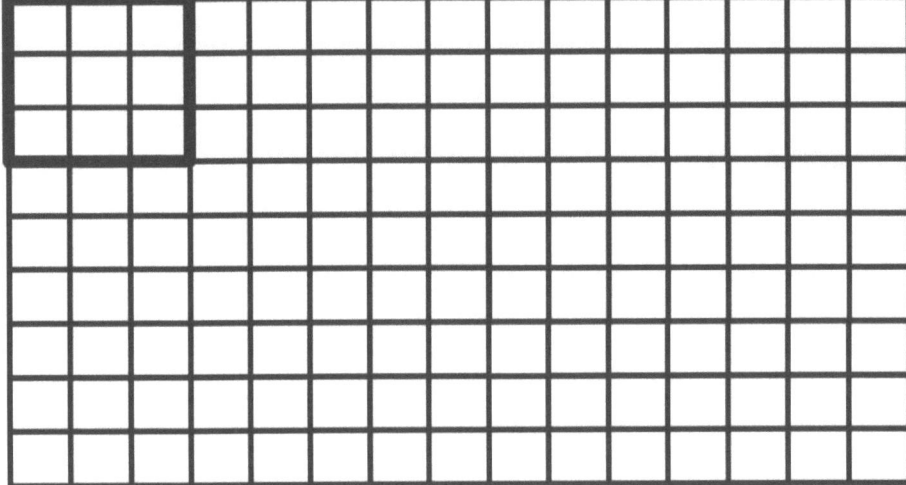

ՄԻԱՎՈՐՆԵՐԻ ՊԱՏՄՈՒԹՅՈՒՆ   Դաս 17 Տնային աշխատանքների օգնական   2•6

1. Նկարեք՝ կրկնապատկելու համար խումբը, որը տեսնում եք: Լրացրե՛ք արտահայտությունները և գրե՛ք գումարման հավասարում:

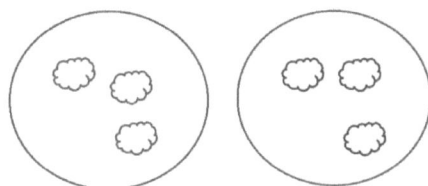

Յուրաքանչյուր խմբում կա __3__ ամպ:

__3__ + __3__ = __6__

> Գիտեմ, որ երբ երկու գումարելիները նույնն են, ես կրկնապատիկներ ունեմ: 1 + 1 = 2, 2 + 2 = 4, 3 + 3 = 6 և այլն: Միավորների կրկնապատիկից միշտ զույգ թիվ է ստացվում նույնիսկ այն դեպքում, երբ յուրաքանչյուր խմբում կա 3 առարկա:

2. Ստորև ներկայացված խմբի համար շարվածք գծե՛ք: Լրացրե՛ք արտահայտությունները:

5-երի 2 շարք

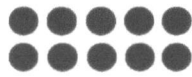

5 շարքի 2 շարքեր = __10__

__5__ + __5__ = __10__

> Յուրաքանչյուր խմբում կա 5 հաշվիչ: Կարող եմ 5-երի շարքը կրկնապատկել և գրել թվային արտահայտություն՝ համապատասխանեցնելով՝ 5 + 5 = 10: Երբ նայում եմ այս շարվածքին, միանգամից գիտեմ, որ կա զույգ թվով առարկաներ, քանի որ կրկնապատկում եմ 5 թիվը:

5 կրկնակի է __10__.

Դաս 17. Կապե՛ք կրկնապատիկները զույգ թվերին, և գրե՛ք թվային արտահայտություններ՝ գումարները արտահայտելու համար:

ՄԻԱՎՈՐՆԵՐԻ ՊԱՏՄՈՒԹՅՈՒՆ   Դաս 17 Տնային աշխատանք   2•6

Անուն _____   Ամսաթիվ _____

1. Նկարեք՝ կրկնապատկելու համար խումբը, որը տեսնում եք։ Լրացրե՛ք արտահայտությունները և գրե՛ք գումարման հավասարում։

a. 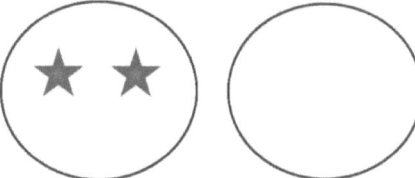 Ամեն խմբում կա _____ աստղ։

_____ + _____ = _____

b. 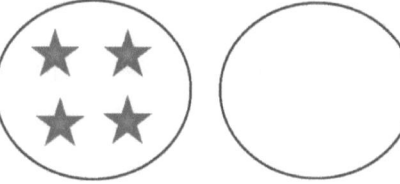 Ամեն խմբում կա _____ աստղ։

_____ + _____ = _____

c. 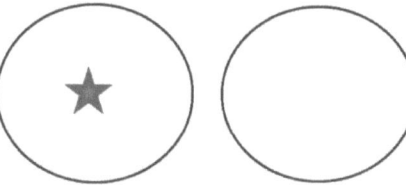 Ամեն խմբում կա _____ աստղ։

_____ + _____ = _____

d. 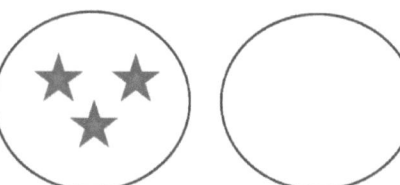 Ամեն խմբում կա _____ աստղ։

_____ + _____ = _____

e. 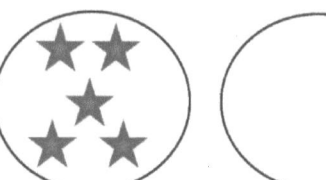 Ամեն խմբում կա _____ աստղ։

_____ + _____ = _____

2. Գծե՛ք շարվածք յուրաքանչյուր խմբի համար: Լրացրե՛ք արտահայտությունները: Առաջինը բերված է որպես օրինակ:

a. **2 շարք՝ յուրաքանչյուրում 6 հատ**

2 շարք՝ յուրաքանչյուրում 6 հատ = ______

______ + ______ = ______

6-ի կրկնապատիկը հավասար է ______

b. **2 շարք՝ յուրաքանչյուրում 7 հատ**

2 շարք՝ յուրաքանչյուրում 7 հատ = ____

______ + ______ = ______

7-ի կրկնապատիկը հավասար է ______

c. **2 շարք՝ յուրաքանչյուրում 8 հատ**

______ շարք ______ = ______

______ + 8 = ______

8-ի կրկնապատիկը հավասար է ______

d. **2 շարք՝ յուրաքանչյուրում 9 հատ**

2 շարք՝ յուրաքանչյուրում 9 հատ = ____

______ + ______ = ______

9-ի կրկնապատիկը հավասար է ______

e. **2 շարք՝ յուրաքանչյուրում 10 հատ**

______ շարք ______ = ______

10 + ______ = ______

10-ի կրկնապատիկը հավասար է ______

3. Նշեք խնդիր 1-ի գումարների արդյունքները: ______________________________

Նշեք խնդիր 2-ի գումարների արդյունքները: ______________________________

Ձեր նշած թվերը զո՞ւյգ են, թե՞ ոչ: ______________________________

Բացատրեք՝ ինչով են թվերը նման և տարբեր:

EUREKA MATH

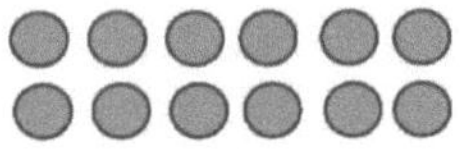

1. Առարկաները խմբավորեք զույգերով, հաշվեք զույգերով՝ որոշելու համար, թե արդյոք առարկաների թիվը զույգ է, թե ոչ:

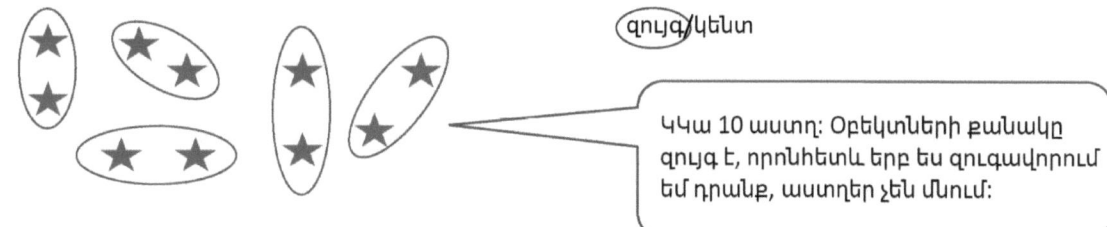

զույգ/կենտ

Կկա 10 աստղ: Օբեկտների քանակը զույգ է, որոնհետև երբ ես զուգավորում եմ դրանք, աստղեր չեն մնում:

Կա _5_ երկու: **Մնացել են _0_ երկուսներ:**

Յաշվեք զույգերով՝ ընդհանուր թիվը գտնելու համար:

2, **4**, **6**, **8**, **10**

10-ը զույգ է, քանի որ կարող եմ ասել 10-ը, երբ հաշվում եմ երկուսներով:

2. Շարունակեք նկարել զույգերի հաջորդականությունը ստորև՝ մինչև հասնեք 10 զույգին:

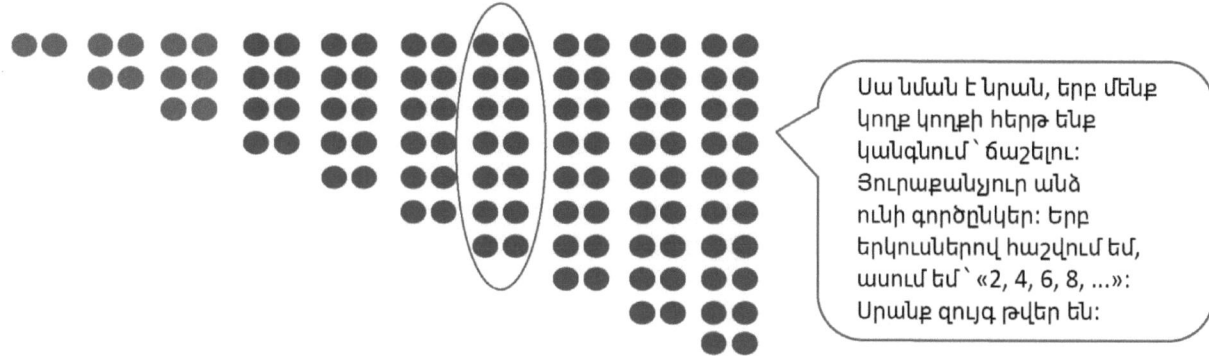

Սա նման է նրան, երբ մենք կողք կողքի հերթ ենք կանգնում՝ ճաշելու: Յուրաքանչյուր անձ ունի գործընկեր: Երբ երկուսներով հաշվում եմ, ասում եմ՝ «2, 4, 6, 8, ...»: Սրանք զույգ թվեր են:

3. Գրեք խնդիր 2-ի յուրաքանչյուր շարվածքի կետերի թիվը հերթականությամբ՝ փոքրից մինչև մեծ:

2, 4, 6, 8, 10, 12, 14, 16, 18, 20

4. Շրջանակեք խնդիր 2-ի այն շարվածքը, որն ունի 7 սյունակ:

Կարող եմ ստանալ 7-ի 2 սյունակ, և 7 + 7 = 14: Նույնիսկ եթե իմ գումարած թվերից մեկը զույգ չէ, ես զույգ թիվ եմ ստանում, երբ կրկնապատկում եմ:

Անուն ______________________________ Ամսաթիվ ______________

1. Առարկաները խմբավորեք զույգերով՝ որոշելու համար՝ արդյոք առարկաների թիվը զույգ է, թե ոչ:

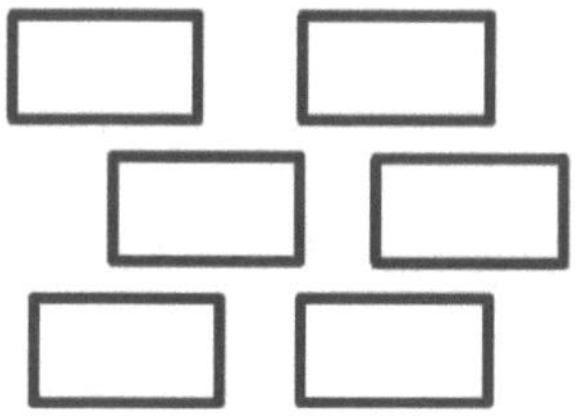

Զույգ է/Զույգ չէ

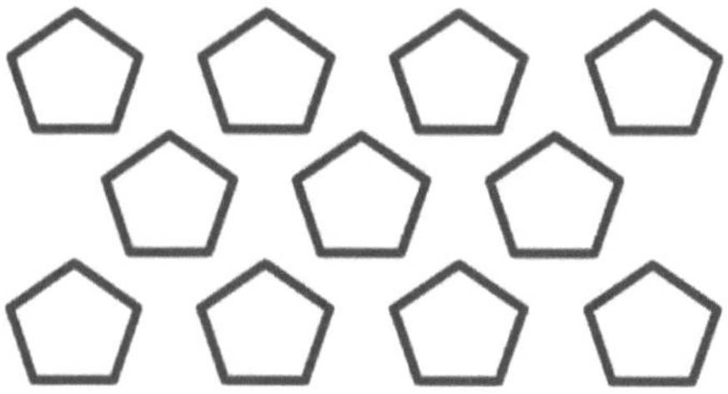

Զույգ է/Զույգ չէ

Զույգ է/Զույգ չէ

2. Շարունակեք նկարել զույգերի հաջորդականությունը ստորև՝ մինչև հասնեք զրո զույգին:

EUREKA MATH Դաս 18. Առարկաները խմբավորեք զույգերով և զույգերով հաշվեք՝ օգտագործելով զույգ թվեր: 75

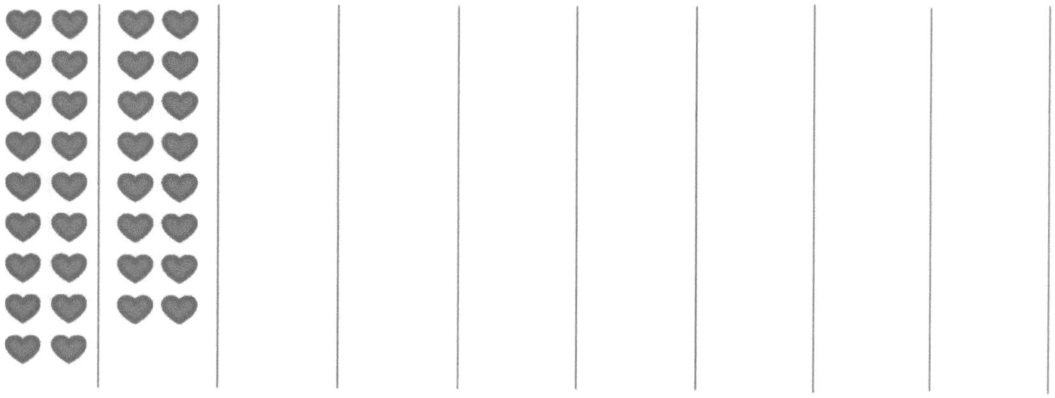

3. Գրե՛ք խնդիր 2-ի յուրաքանչյուր շարվածքի սրտիկների թիվը հերթականությամբ՝ մեծից փոքր:

4. Շրջանակի մեջ առեք խնդիր 2-ի այն շարվածքը, որն ունի 6-երի 2 սյունակ:

5. Վանդակի մեջ առեք խնդիր 2-ի այն շարվածքը, որն ունի 8-երի 2 սյունակ:

6. Նորից նկարեք աստղերի խումբը որպես երկուական աստղերի սյունակներ կամ 2 հավասար շարքեր:

Կա _____ աստղ:

Արդյո՞ք դա _____ զույգ թիվ է: _____

7. Շրջանակի մեջ առեք երկուական խմբեր: Զույգերով հաշվեք՝ տեսնելու համար՝ արդյոք առարկաները զույգ են, թե ոչ:

a. Կան _____ զույգեր: Մնացել են _____ :

b. Հաշվեք զույգերով՝ ընդհանուր թիվը գտնելու համար:

_____, _____, _____, _____, _____, _____, _____,

c. Այս խմբի առարկաների թիվը զույգ է՝ ճիշտ կամ Սխալ

1. Զույգերով հաշվեք շարվածքի սյունակները: Առաջինը կատարված է ձեզ համար:

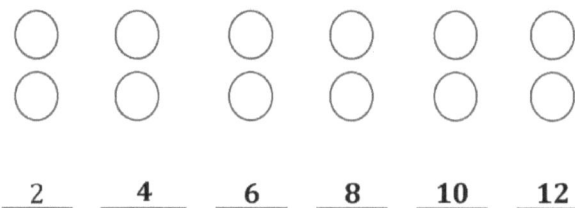

2 4 6 8 10 12

Ես կարող եմ հաշվել 2-երով՝ օգտագործելով շարվածքի սյունակները: Եթե ես շարունակեմ այս պատկերին գումարել 2-ի սյուներ, ես կարող եմ ասել "..., 14,16,18,20": Միավորների կարգում՝ 0,2,4,6,8:

2. Լուծեք:

$1 + 1 =$ **2**
$2 + 2 =$ **4**
$3 + 3 =$ **6**

$4 + 4 =$ **8**
$5 + 5 =$ **10**
$6 + 6 =$ **12**

Երբ ես կրկնապատիկներ եմ գտնում, պատասխանների մեջ տեսնում եմ մի օրինաչափություն՝ դա 2-երով հաշվելն է:

3. **Որոշեք՝ արդյոք թավատառ գրված թվերը զո՞ւյգ են, թե՞ կենտ:**

24 + 1 = **25** զույգ + 1 = կենտ	**24** − 1 = **23** զույգ − 1 = կենտ

Երբ ես զույգ թվին գումարում եմ 1 կամ հանում զույգ թիվ, նոր թիվը միշտ կենտ է:

4. **Թավատառ գրված թիվը զու՞յգ է, թե կե՞նտ:** Շրջանակի մեջ առեք պատասխանը և բացատրեք, թե ինչու՞ եք այդպես կարծում:

39 զույգ/կենտ	**Բացատրություն.** ***Այս թիվը չունի 0, 2, 4, 6 կամ 8 միավորների տեղում:*** Գիտեմ, որ 40-ը զույգ է, այսպիսով, 40 − 1 պետք է կենտ լինի:

EUREKA MATH **Դաս 19.** Ուսումնասիրեք զույգ թվերի հաջորդականությունը միավորների կարգում՝ 0, 2, 4, 6 և 8 և կապե՛ք կենտ թվերի հետ: 77

Անուն ______________________ Ամսաթիվ ____________

1. Զույգերով հաշվեք շարվածքի սյունակները: Առաջինը կատարված է ձեզ համար:

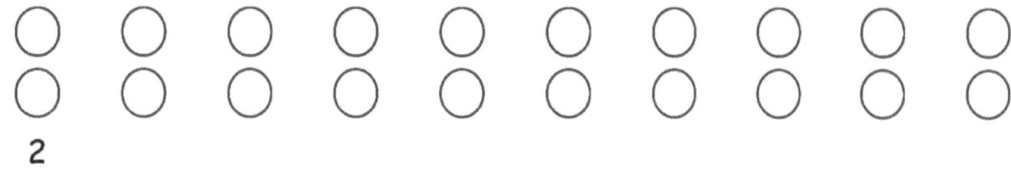

2 ___ ___ ___ ___ ___ ___ ___ ___ ___

2. a. Լուծեք:

$1 + 1 =$ ______ $6 + 6 =$ ______

$2 + 2 =$ ______ $7 + 7 =$ ______

$3 + 3 =$ ______ $8 + 8 =$ ______

$4 + 4 =$ ______ $9 + 9 =$ ______

$5 + 5 =$ ______ $10 + 10 =$ ______

b. Խնդիր 1-ի շարվածքը կապ ունի՞ խնդիր 2(a)-ի պատասխանների հետ:

____

____

____

3. Լրացրեք բացակայող թվերը թվերի շարքում:

18, 20, ____, ____, 26, ____, 30, ____, 34, ____, 38, 40, ____, ____

EUREKA MATH Դաս 19. Ուսումնասիրեք զույգ թվերի հաջորդականությունը միավորների կարգում՝ 0, 2, 4, 6 և 8 և կապե՛ք կենտ թվերի հետ: 79

4. Լրացրե՛ք բացակայող կենտ թվերը թվերի շարքում:

0, ______, 2, ______, 4, ______, 6, ______, 8, ______, 10, ______, 12, ______, 14

5. Որոշեք՝ արդյոք **թավատառ գրված** թվերը զո՞ւյգ են, թե՞ կենտ: Առաջինը կատարված է ձեզ համար:

a. **4 + 1 = 5** զույգ + 1 = կենտ	b. **13 + 1 = 14** ______ + 1 = ______	c. **20 + 1 = 21** ______ + 1 = ______
d. **8 – 1 = 7** ______ – 1 = ______	e. **16 – 1 = 15** ______ – 1 = ______	f. **30 – 1 = 29** ______ – 1 = ______

6. **Արդյոք թավատառ գրված թվերը զո՞ւյգ են, թե՞ կենտ:** Շրջանակի մեջ առեք պատասխանը և բացատրեք, թե ինչու՞ եք այդպես կարծում:

a. **21** զույգ/կենտ	Բացատրություն՝
b. **34** զույգ/կենտ	Բացատրություն՝

1. Առարկաներով ստեղծեք շարվածք:

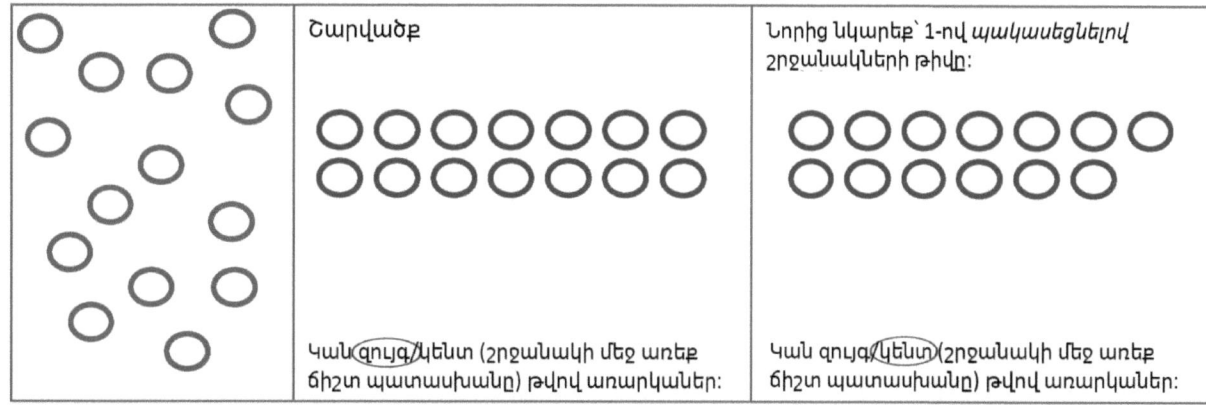

	Շարվածք Կան (զույգ)/կենտ (շրջանակի մեջ առեք ճիշտ պատասխանը) թվով առարկաներ:	Նորից նկարեք՝ 1-ով *պակասեցնելով* շրջանակների թիվը: Կան զույգ/(կենտ) (շրջանակի մեջ առեք ճիշտ պատասխանը) թվով առարկաներ:

> Եթե շարվածքը նկարեմ 1-ով պակաս շրջանակով, կստացվի առարկաների կենտ թիվ: Այժմ չեմ տեսնում 7-ի 2 հավասար խմբեր:

2. Լուծեք: Նշեք՝ արդյոք յուրաքանչյուր թիվը կենտ է (Կ), թե զույգ (Զ):

$11 + 13 = \underline{24}$

$\underline{O} + \underline{O} = \underline{E}$

> Գիտեմ, որ 11-ը և 13-ը կենտ են, քանի որ միավորների կարգում 0, 2, 4, 6 կամ 8-ը չունեն: Երբ ես գումարում եմ երկու կենտ թվեր, ես ստանում եմ զույգ թիվ:

3. Յուրաքանչյուր դեպքի համար գրեք երկու օրինակ. Ձեր պատասխանի մոտ գրեք արդյոք Ձեր պատասխանները զույգ են, թե կենտ: Կենտ թվին ավելացրեք զույգ թիվ:

12 + 7 = 19 *կենտ* **8 + 13 = 21 *կենտ***

> Գիտեմ, որ երբ զույգ թիվ և կենտ թիվ գումարում եմ, գումարը կենտ թիվ կլինի: 21 սալիկներով չեմ կարող կազմել 2 հավասար խումբ և չեմ կարող մինչև 21 թիվը հաշվել 2-երով:

Copyright © Great Minds PBC

Անուն ______________________________ Ամսաթիվ ________________

1. Օգտագործե՛ք առարկաներ՝ 2 սյունակներով շարվածք ստեղծելու համար:

a.	2 շարքերով աղյուսակ Կան զույգ/կենտ թվով (շրջանակի մեջ առե՛ք մեկը) աստղեր:	Նորից նկարե՛ք՝ 1-ով պակասեցնելով աստղերի թիվը: Կան զույգ/կենտ թվով (շրջանակի մեջ առե՛ք մեկը) աստղեր:
b.	2 շարքերով աղյուսակ Կան զույգ/կենտ թվով (շրջանակի մեջ առե՛ք մեկը) աստղեր:	Նորից նկարե՛ք՝ ավելացնելով ևս 1 աստղ: Կան զույգ/կենտ թվով (շրջանակի մեջ առե՛ք մեկը) աստղեր:
c.	2 շարքերով աղյուսակ Կան զույգ/կենտ թվով (շրջանակի մեջ առե՛ք մեկը) աստղեր:	Նորից նկարե՛ք՝ 1-ով պակասեցնելով աստղերի թիվը: Կան զույգ/կենտ թվով (շրջանակի մեջ առե՛ք մեկը) աստղեր:

Դաս 20. Ուղղանկյուն շարվածքների օգնությամբ ուսումնասիրեք կենտ և զույգ թվերը:

2. Լուծեք: Ստորև գտնվող գծի վրա նշեք՝ արդյոք յուրաքանչյուր թիվը կենտ է (Կ), թե զույգ (Զ):

a. 6 + 6 = ______
______ + ______ = ______

b. 8 + 13 = ______
______ + ______ = ______

c. 9 + 15 = ______
______ + ______ = ______

d. 17 + 8 = ______
______ + ______ = ______

e. 7 + 8 = ______
______ + ______ = ______

f. 9 + 11 = ______
______ + ______ = ______

g. 7 + 14 = ______
______ + ______ = ______

h. 9 + 9 = ______
______ + ______ = ______

3. Գրեք 3 թվային արտահայտության օրինակ՝ ապացուցելու, որ յուրաքանչյուր արտահայտությունը ճիշտ է:

Զույգ + Զույգ = Զույգ	Զույգ + Կենտ = Կենտ	Կենտ + Կենտ = Կենտ

EUREKA MATH

4. Յուրաքանչյուր առաջադրանքի համար գրեք երկու օրինակ: Ձեր պատասխանի մոտ գրեք՝ արդյոք Ձեր պատասխանները զույգ են, թե կենտ: Առաջինը կատարված է ձեզ համար:

   a. Զույգ թվին գումարեք զույգ թիվ:

   _____32 + 8 = 40 զույգ_____   _____

   b. Կենտ թվին գումարեք զույգ թիվ:

   _____   _____

   c. Կենտ թվին գումարեք կենտ թիվ:

   _____   _____

Դասարան 2
Մոդուլ 7

1. Հաշվեք և դասակարգեք յուրաքանչյուր պատկերը՝ աղյուսակում նշումներ կատարելով:

Ոտքեր չկան	2 ոտք	4 ոտք
I	III	III

Կարող եմ հաշվել, թե յուրաքանչյուր կենդանու քանի կատեգորիա կա: Ես ջնջում եմ յուրաքանչյուր կենդանու համապատասխան կատեգորիայում գրանցելիս:

2. Օգտագործեք «Կենդանիների դասակարգման աղյուսակը»՝ պատասխանելու համար, թե ինչ կենդանիների տեսակներ տեսան տիկին Լիի երկրորդ դասարանի աշակերտները տեղական կենդանաբանական այգում:

Կենդանիների դասակարգում			
Թռչուններ	Ձկներ	Կաթնա-սուններ	Սողուններ
6	5	11	3

Գիտեմ, որ այս հարցը ինձ հարցնում է գտնել թռչունների, ձկների կամ սողունների ընդհանուր քանակը: Չի հարցնում կատեգորիաների քանակը:

a. Կենդանիներից քանի՞սն են թռչուն, ձուկ կամ սողուն: **14** $6 + 5 + 3 = 14$

b. Քանիսո՞վ են շատ թռչուններն ու կաթնասունները ձկներից և սողուններից: **9** $17 - 8 = 9$

c. Քանի՞ կենդանի է դասակարգվել: **25** $6 + 5 + 11 + 3 = 11 + 14 = 25$

d. Եթե սեղանին ավելացնեին ևս 5 թռչուններ և ևս 2 սողուններ, ապա քանի՞ պակաս սողուն կլիներ, քան թռչուն: **6**

B $6 + 5 = 11$ $5 + \underline{6} = 11$

R $3 + 2 = 5$

Ես կարող եմ օգտագործել գումարում կամ հանում, երբ տեսնում եմ *ինքանով քիչ* բառերը:

Դաս 1. Դասակարգեք և գրանցեք տվյալներն աղյուսակի մեջ՝ օգտագործելով մինչև չորս կատեգորիա, օգտագործեք խմբային հաշվարկ՝ բառային խնդիրները լուծելու համար:

ՄԻԱՎՈՐՆԵՐԻ ՊԱՏՄՈՒԹՅՈՒՆ   Դաս 1 Տնային աշխատանք   2•7

Անուն _____   Ամսաթիվ _____

1. Հաշվեք և դասակարգեք յուրաքանչյուր պատկերը՝ աղյուսակում նշումներ կատարելով:

Ոտքեր չկան	2 ոտք	4 ոտք

2. Հաշվեք և դասակարգեք յուրաքանչյուր պատկերը՝ աղյուսակում թվեր նշելով:

Մորթի	Փետուրներ

Դաս 1. Դասակարգեք և գրանցեք տվյալներն աղյուսակի մեջ՝ օգտագործելով մինչև չորս կատեգորիա, օգտագործեք խմբային հաշվարկ՝ բառային խնդիրները լուծելու համար:

3. Հետևյալ հարցերին պատասխանելու համար օգտագործեք «Կենդանիների կենսամիջավայր» աղյուսակը:

Կենդանիների կենսավայրեր		
Արկտիկա	Անտառ	Արոտավայրեր
6	11	9

a. Քանի՞ կենդանի է ապրում արկտիկայում: ____

b. Քանի՞ կենդանիների կենսամիջավայրն է անտառներում և արոտավայրերում: ____

c. Որքանո՞վ պակաս կենդանիների կենսամիջավայրն է արկտիկան, ոչ թե անտառը: ____

d. Որքանո՞վ ավելի կենդանիներ պետք է լինեին արոտավայրերի կատեգորիայում, որպեսզի ստանաք նույն թիվն, ինչ արկտիկայի և անտառի կատեգորիաները միասին: ____

e. Այս աղյուսակը կազմելու համար ընդամենը քանի՞ կենդանիների կենսամիջավայր է ներառվել: ____

4. Օգտագործեք «Կենդանիների դասակարգման աղյուսակը»՝ պատասխանելու համար, թե ինչ կենդանիների տեսակներ տեսան տիկին Վեսթ Լեսթերի տարրական դպրոցի դասարանի աշակերտները տեղական կենդանաբանական այգում:

Կենդանիների դասակարգում			
Թռչուններ	**Ձկներ**	**Կաթնասուններ**	**Սողուններ**
7	15	18	9

a. Կենդանիներից քանի՞սն են թռչուն, ձուկ կամ սողուն: ____

b. Քանիսո՞վ են շատ թռչուններն ու կաթնասունները ձկներից և սողուններից: ____

c. Քանի՞ կենդանի է դասակարգվել: ____

d. Եթե աղյուսակին ավելացնենք 3 թռչուն և 4 սողուն, ապա քանիսո՞վ ավելի թռչունները կլինեն սողուններից: ____

1. Միլիմետրաթղթի օգնությամբ գրաֆիկական պատկեր ստեղծեք ստորև՝ օգտագործելով աղյուսակում նշված տվյալները: Այնուհետև պատասխանեք հարցերին:

Կենտրոնական կենդանաբանական այգու կենդանիների դասակարգում			
Թռչուններ	Ձկներ	Կաթնասուններ	Սողուններ
6	5	11	3

Վերնագիր. Կենտրոնական կենդանաբանական այգու կենդանիների դասակարգում
Թռչուններ
Ձուկ
Կաթնասուններ
Սողուններ
Ծանոթագրություն՝ յուրաքանչյուրը
նշանակում է 1 կենդանի

a. Քանիսո՞վ են շատ կաթնասուններն ու ձկները թռչուններից ու սողուններից: **7**

11 + 5 = 16 **6 + 3 = 9** **16 – 9 = 7**

b. Քանիսո՞վ են քիչ սողունները կաթնասուններից: **8**

11 – 3 = 8

Ես օգտագործում եմ գրաֆիկական պատկերը, որը կօգնի ինձ պատասխանել համեմատության հարցերին, օրինակ, քանիսո՞վ ավելի կամ քանիսո՞վ պակաս:

Աղյուսակից տվյալները կազմակերպում եմ ուղղահայաց նկարի գրաֆիկական պատկերի մեջ: Կատեգորիաները դնում եմ նույն կարգով, ինչպես դրանք աղյուսակի մեջ են, այնպես որ չշփոթեմ: Պետք է հիշեմ, որ ներառեմ վերնագիր և ծանոթագրություն:

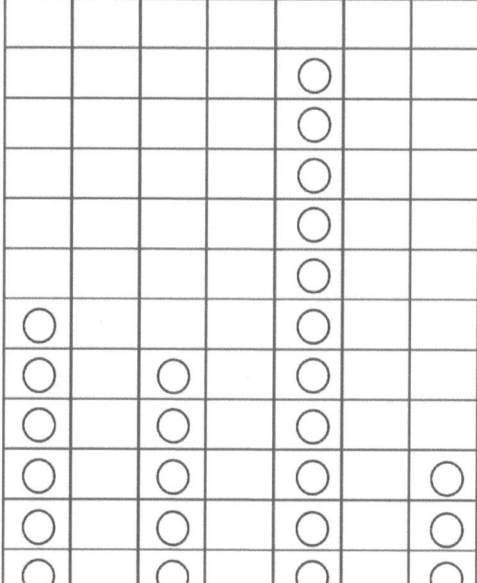

Դաս 2 . Նկարեք գրաֆիկական պատկեր և նշումներ կատարեք՝ մինչև չորս կատեգորիայի տվյալները ներկայացնելու համար:

2. Ստորև աղյուսակի օգնությամբ գրաֆիկական պատկեր ստեղծեք նշված տեղում:

Կենդանիների բնակավայրեր		
Անապատ	Թունդրա	Խոտհարքներ
卌 |	卌	卌 卌 ||||

Յուրաքանչյուր տուփում ես նկարում եմ մի շրջանակ, որպեսզի ներկայացնեմ սեղանի վրա նշված յուրաքանչյուր կենդանու: Շրջանակն օգնում է ինձ նկարել արդյունավետ, և ծանոթագրությունը բացատրում է, թե ինչ են նրանք ներկայացնում:

Վերնագիր՝ *Կենդանիների բնակավայրեր*

Անապատ
Թունդրա
Խոտհարքներ

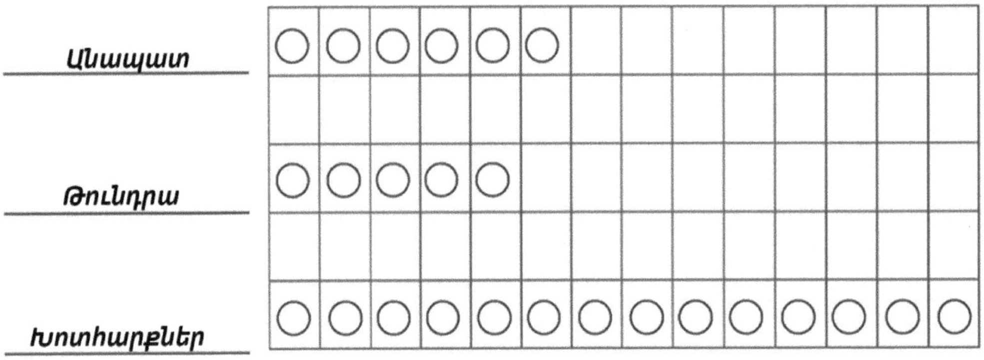

Ծանոթագրություն՝ *Յուրաքանչյուր* ○ *նշանակում է 1 կենդանի*

a. Քանիսո՞վ ավելի կենդանիներ են ապրում արոտավայրում, քան անապատում: **8**

$$14 - 6 = 8$$

b. Թունդրանում քանիսո՞վ քիչ կենդանի է ապրում, քան խոտհարքում և անապատում միասին: **15**

$$14 + 6 = 20 \qquad 20 - 5 = 15$$

Առաջին հարցը հարցնում է, թե *քանիսով ավելի*: Պատասխանը կարող եմ պարզել՝ նկարում հանելով կամ հաշվելով խոտհարքի համար լրացուցիչ շրջանակները՝ համեմատած անապատի հետ: Առկա է ևս 8 շրջանակ:

ՄԻԱՎՈՐՆԵՐԻ ՊԱՏՄՈՒԹՅՈՒՆ Դաս 2 Տնային աշխատանք 2•7

Անուն _____ Ամսաթիվ _____

1. Միլիմետրաթղթի օգնությամբ գրաֆիկական պատկեր ստեղծեք ստորև՝ օգտագործելով աղյուսակում նշված տվյալները։ Այնուհետև պատասխանեք հարցերին․

Սիրելի կաթնասուններ
Վագր	Պանդա	Ձնե ընձառյուծ	Գորիլա
8	11	7	12

Վերնագիր՝ _____

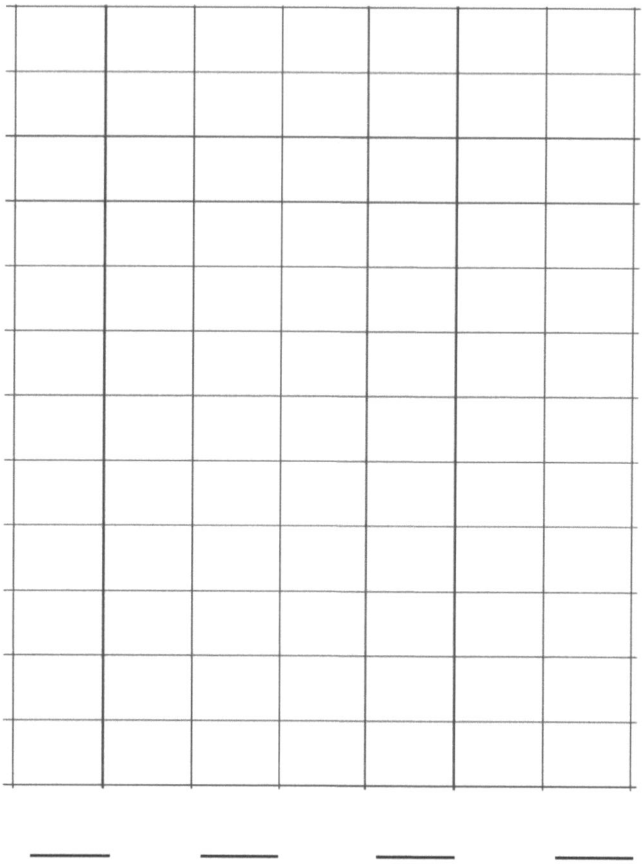

a. Որքանո՞վ ավելի մարդ էր ընտրել գորիլան, քան վագրը որպես սիրելի կաթնասուն: _____

b. Որքանո՞վ ավելի մարդ է ընտրել վագրը և գորիլան, քան պանդան և ձնե ընձառյուծը, որպես սիրելի կաթնասուն: _____

c. Որքանո՞վ քիչ մարդ է վագր ընտրել որպես սիրելի կաթնասուն, այլ ոչ թե պանդա: _____

Ծանոթագրություն՝ _____

d. Գրեք և պատասխանեք ձեր կազմած համեմատության հարցին՝ տվյալների հիման վրա:

Հարց՝ _____

Պատասխան՝ _____

Դաս 2. Նկարեք գրաֆիկական պատկեր և նշումներ կատարեք՝ մինչև չորս կատեգորիայի տվյալները ներկայացնելու համար։

97

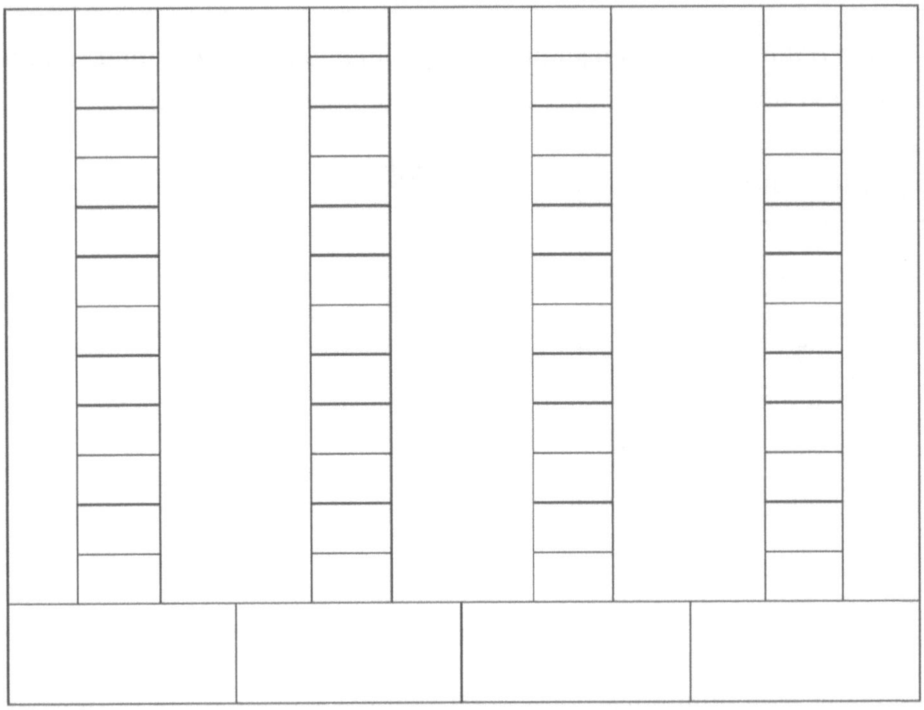

ՄԻԱՎՈՐՆԵՐԻ ՊԱՏՄՈՒԹՅՈՒՆ   Դաս 2 Տնային աշխատանք 2•7

_____

Ծանոթագրություն՝ _____

_____

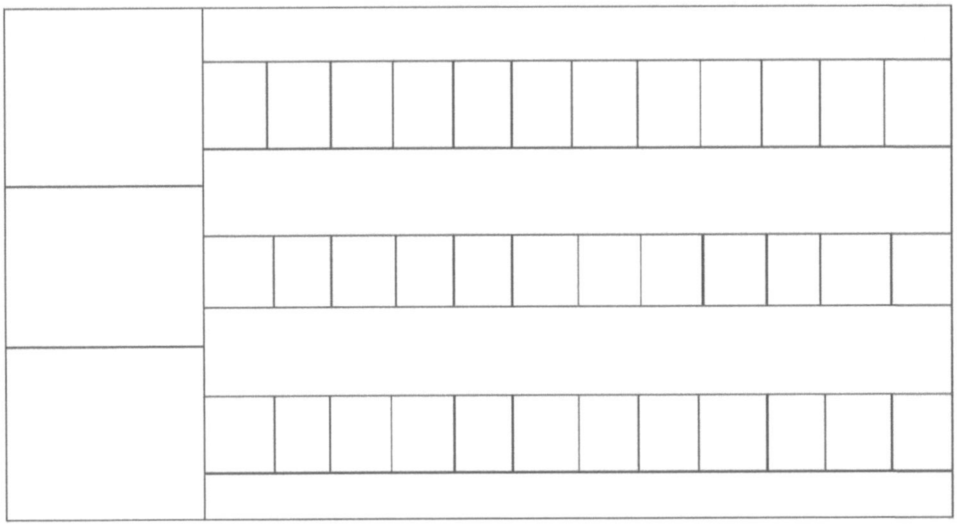

Ծանոթագրություն՝ _____

98 Դաս 2. Նկարեք գրաֆիկական պատկեր և նշումներ կատարեք՝ մինչև չորս կատեգորիայի տվյալները ներկայացնելու համար:

2. Օգտագործե՛ք պարոն Քլարկի դասի թվեարկության տվյալները՝ նշված տեղում գրաֆիկական պատկեր ստանալու համար:

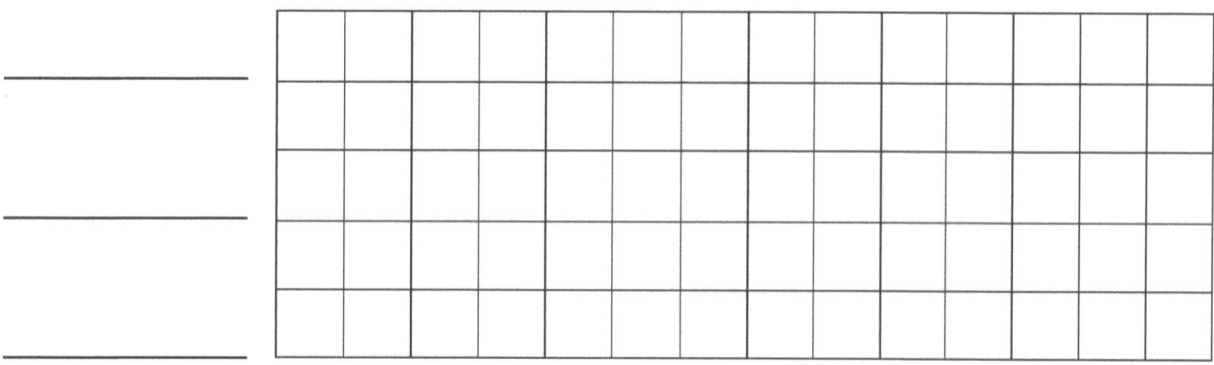

Սիրած թռչուններ		
Պինգվին	Ֆլամինգո	Սիրամարգ
卌 |	卌	卌 卌 ||||

Վերնագիր՝ ____________________

____
____
____

Ծանոթագրություն՝ ____________________

a. Որքա՞ն ավելի աշակերտներ քվեարկեցին սիրամարգերի, քան պինգվինների օգտին: ______

b. Որքա՞ն ավելի քվեներ կային ֆլամինգոների համար, քան պինգվինների և սիրամարգերի: ______

c. Գրեք և պատասխանեք ձեր կազմած համեմատության հարցին՝ տվյալների հիման վրա:

Հարց՝ ____

Պատասխան՝ ____

Լրացրեք ստորև սյունակաձև դիագրամը՝ օգտվելով աղյուսակում նշված տվյալներից:

Կենդանիների կենսավայրեր		
Անապատ	Արկտիկա	Արոտավայրեր
𝍸 |	𝍸	𝍸 𝍸 ||||

Վերնագիր՝ *Կենդանիների բնակավայրեր*

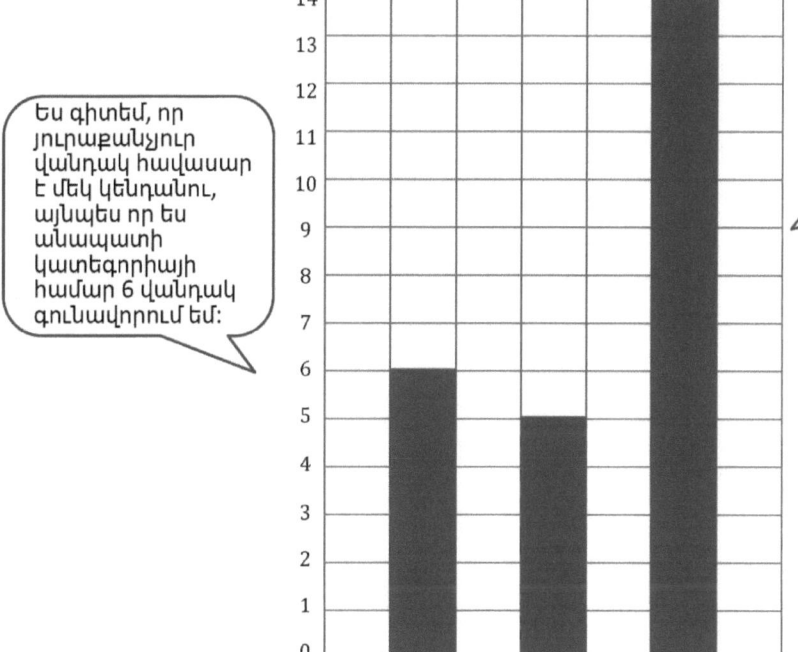

a. Ընդամենը քանի՞ կենդանի է ապրում երեք կենսամիջավայրերում: **25**

$$6 + 5 + 14 = 11 + 14 = 25$$

b. Քանիսո՞վ ավելի կենդանիներ են խոտհարքում ապրում, քան անապատում և արկտիկայում միասին: **3**

$6 + 5 = 11$ $14 - 11 = 3$

Երբ ես միավորում եմ վանդակների թիվը, որոնք ես գունավորել էի *անապատի* և *արկտիկայի համար, ես հաշվում եմ 11*: Ես նայում եմ գծապատկերին և տեսնում, որ 11-ը 14-ից 3 վանդակով պակաս է, ինչը խոտհարքում ապրող կենդանիների թիվն է:

c. Եթե յուրաքանչյուր կատեգորիայից հեռացվի 2 կենդանի, քանի՞ կենդանի կլինի: **19**

$4 + 3 + 12 = 19$

Անուն ______________________________ Ամսաթիվ ______________

1. Լրացրեք ստորև սյունակածև դիագրամն՝ օգտվելով աղյուսակում նշված տվյալներից: Այնուհետև պատասխանեք տվյալների վերաբերյալ հարցերին:

Կենդանիների տարբեր ծածկոցներ Ջեյքի Ընտանի Կենդանիների Խանութում			
Մորթի	Փետուրներ	Պատյաններ	Թեփուկ
12	9	8	11

Վերնագիր՝ ______________________________

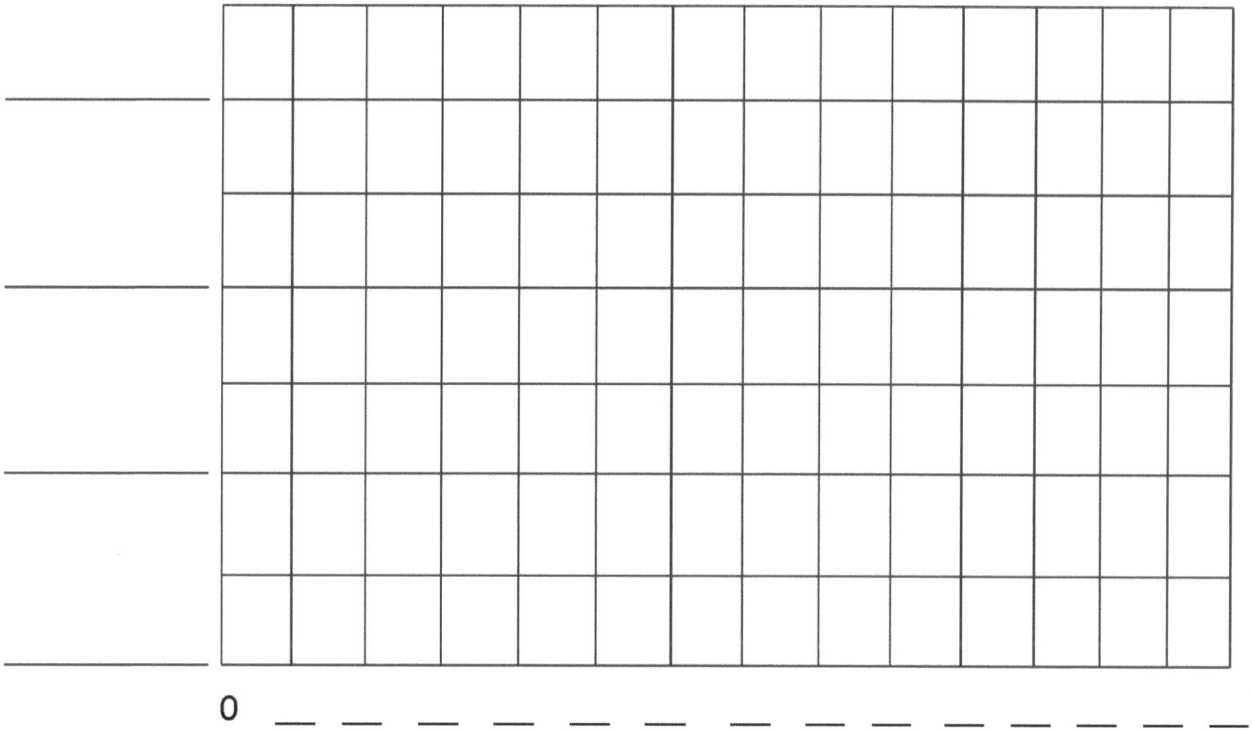

0

a. Քանիսո՞վ ավելի կենդանիներ ունեն մորթի, քան պատյան: __

b. Կատեգորիաների ո՞ր զույգում կան ավելի շատ կենդանիներ՝ մորթի և փետուրներ, թե պատյաններ և թեփուներ ունեցող կենդանիների մոտ:
(Շրջանակի մեջ առե՛ք մեկը:) Որքանո՞վ շատ: __

c. Գրեք և պատասխանեք ձեր կազմած համեմատության հարցին՝ տվյալների հիման վրա:

Հարց՝ ______________________________

Պատասխան՝ ______________________________

Դաս 3. Նկարեք սյունակածև դիագրամ և նշումներ կատարեք՝ տվյալները ներկայացնելու համար, համեմատեք հաշվային սանդղակը թվային ուղիղի հետ:

103

Copyright © Great Minds PBC

2. Լրացրեք ստորև սյունակածև դիագրամն՝ օգտվելով աղյուսակում նշված տվյալներից:

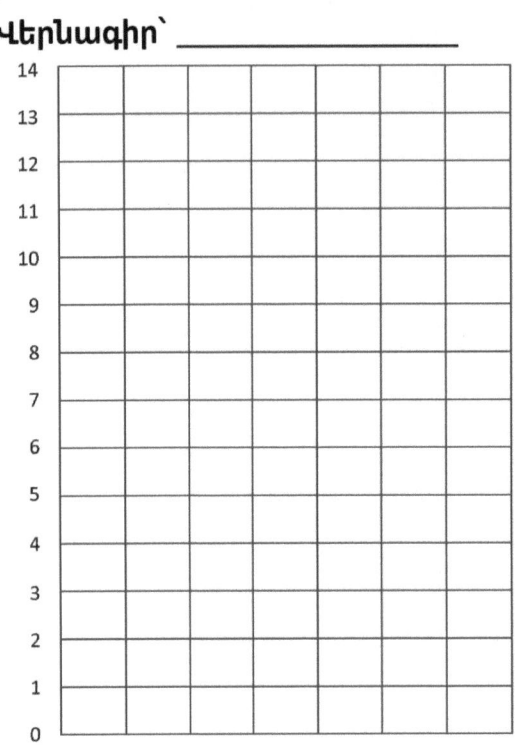

Քաղաքային կացարանի կենդանիների սննդակարգ		
Միայն միս	Միայն բույսեր	Միս և բույսեր
卌 III	卌 IIII	卌 卌 IIII

Վերնագիր՝ ________________

_____ _____ _____

a. Ընդամենը քանի՞ կենդանի կա քաղաքի կացարանում: ______

b. Քանիսո՞վ ավելի մսակեր և բուսակեր կենդանիներ կան, քան միայն մսակերները: ____

c. Եթե յուրաքանչյուր կատեգորիայից հեռացվի 3 կենդանի, քանի՞ կենդանի կլինի: _____

d. Գրեք ձեր կազմած համեմատության հարցը՝ տվյալների հիման վրա, և պատասխանեք:

Հարց՝ ____

Պատասխան՝ ____________________________________

Լրացրեք սյունակաձև դիագրամն՝ օգտվելով աղյուսակից՝ այգում Ալիսիայի տեսած միջատների հաշվարկի տվյալներով: Այնուհետև պատասխանեք հետևյալ հարցերին:

Միջատների տեսակները			
Թիթեռներ	Սարդեր	Մեղուներ	Մորեխներ
5	14	12	7

Տվյալները գրանցելուց առաջ հարկավոր է գրաֆիկի համար վերնագիր գրել, նշել չորս կատեգորիաները և ներքևում գրել թվի սանդղակը:

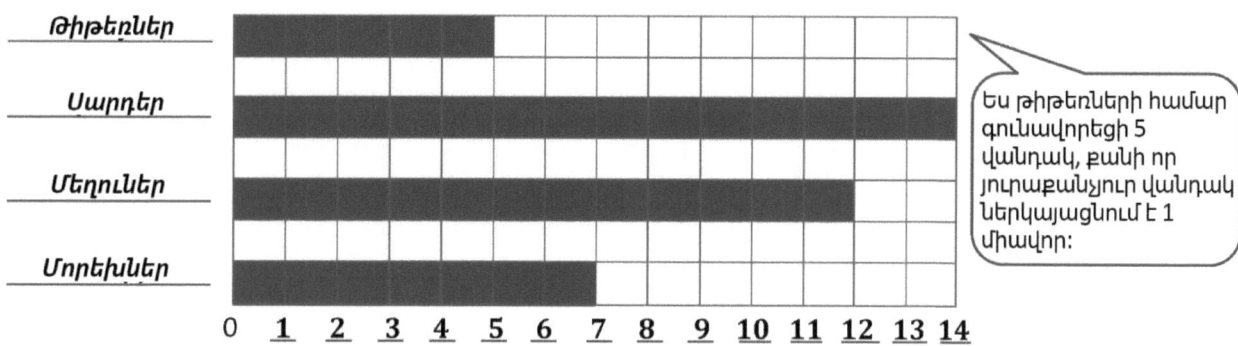

Վերնագիր՝ *Միջատների տեսակները*

Ես թիթեռների համար գունավորեցի 5 վանդակ, քանի որ յուրաքանչյուր վանդակ ներկայացնում է 1 միավոր:

a. Այգում մեղուներն ինչքանո՞վ էին շատ մորեխներից: **5**

$7 + ___ = 12$

b. Ինչքա՞ն բզեզ հաշվեց Ալիսիան այգում: **38**

$5 + 14 + 12 + 7 = __$

$19 + 19$

$20 + 20 - 2 = 38$

Գիտեմ, որ կարող եմ ցանկացած կարգով ավելացնել և օգտագործել այն ռազմավարությունը, որն ինձ համար ամենալավն է: Երբ ես ավելացնում եմ 19 + 19, մտածում եմ ավելացնել 20 + 20: Բայց հետո ես պետք է հանեմ 2-ը, քանի որ յուրաքանչյուր գումարելի 20-ից 1-ով պակաս է:

c. Այգում թիթեռներն ինչքանո՞վ էին քիչ մեղուներից ու մորեխներից: **14**

$12 + 7 = 19$ $19 - 5 = 14$

Ես կարող եմ պատասխանել համեմատության հարցերին՝ օգտագործելով իմ գրաֆիկի տվյալները: Այստեղ ես հանեցի 19 - 5 = 14:
(a) մասում ես մտածեցի, որ բաց թողնված մասը լուծելու համար՝ 7 + _ = 12: Ես կարող եմ օգտագործել երկու գործողություն:

ՄԻԱՎՈՐՆԵՐԻ ՊԱՏՄՈՒԹՅՈՒՆ   Դաս 4 Տնային աշխատանք   2•7

Անուն _____   Ամսաթիվ _____

1. Լրացրեք սյունակաձև դիագրամն՝ օգտվելով աղյուսակից՝ տեղական կենդանաբանական այգում սողունների տեսակներով: Այնուհետև պատասխանեք հետևյալ հարցերին:

Սողունների տեսակներ			
Օձեր	Մողեսներ	Կրիաներ	Ցամաքային կրիաներ
13	11	7	8

Վերնագիր՝ _____

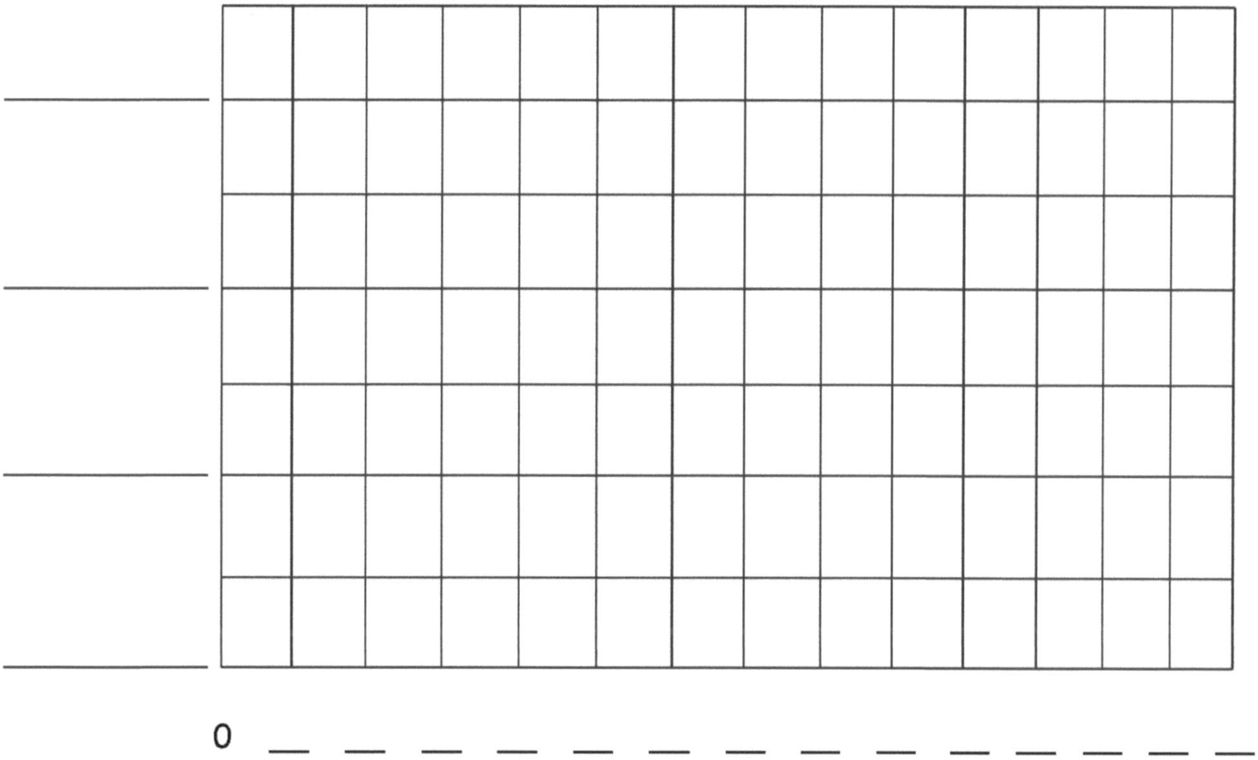

0 __ __ __ __ __ __ __ __ __ __ __ __

a. Քանի՞ սողուն կա կենդանաբանական այգում: _____

b. Որքանո՞վ ավելի օձեր և մողեսներ, քան կրիաներ կան կենդանաբանական այգում: _____

c. Որքանո՞վ պակաս կրիաներ, քան օձեր և մողեսներ կան կենդանաբանական այգում: _____

d. Գրեք համեմատության հարց, որին հնարավոր է պատասխանել՝ օգտվելով սյունակաձև դիագրամի տվյալներից:

_____

Դաս 4.   Գծեք սյունակաձև դիագրամ նշված տվյալները ներկայացնելու համար: 107

Copyright © Great Minds PBC

2. Լրացրեք սյունակածև դիագրամը նշումներով և թվերով՝ ներկայացնելով այն ջրային կենդանիների քանակը, որոնք Էմիլին տեսավ ստորջրյա սուզման ընթացքում:

Ջրային կենդանիներ			
Շնաձկներ	Սկատներ	Ծովային աստղեր	Ծովային ձիեր
6	9	14	13

Վերնագիր՝ ____________________

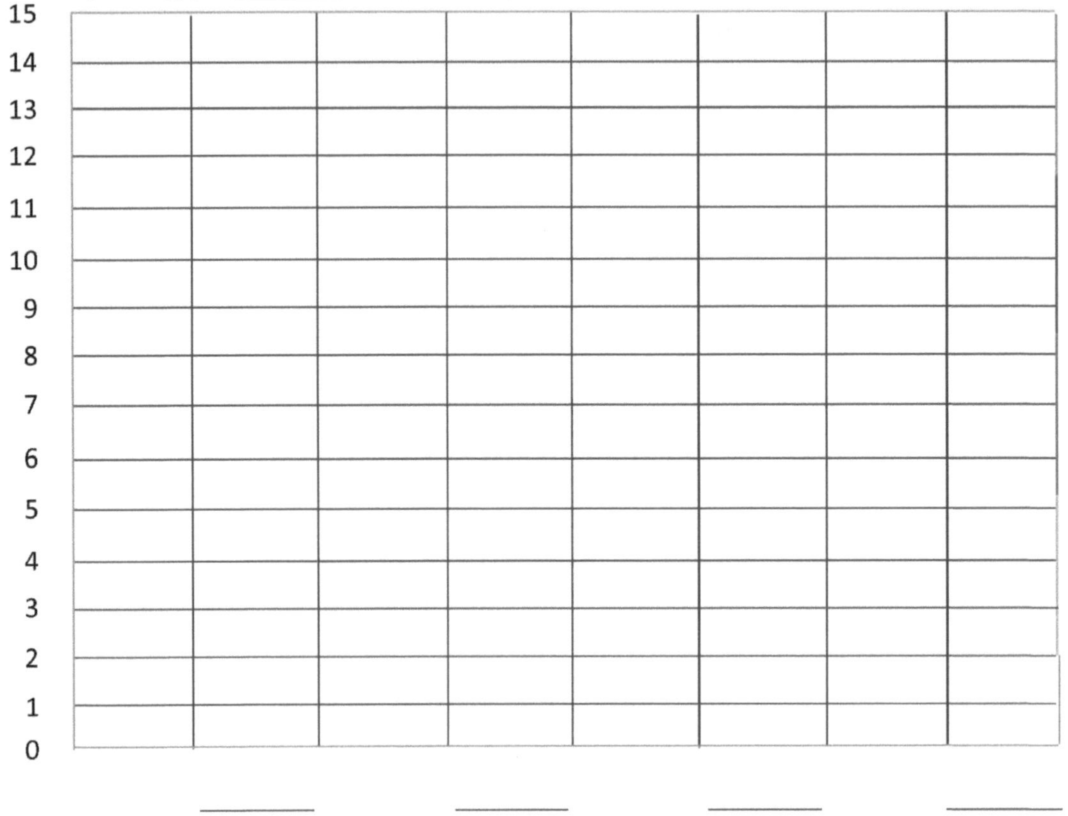

a. Որքանո՞վ ավելի ծովային աստղ, քան շնաձուկ է տեսել Էմիլին: _______

b. Որքանո՞վ ավելի սկատ, քան ծովային ձի է տեսել Էմիլին: _______

c. Գրեք համեմատության հարց, որին հնարավոր է պատասխանել՝ օգտվելով սյունակածև դիագրամի տվյալներից:

____

Լրացրեք սյունակաձև դիագրամն՝ օգտվելով աղյուսակից: Այնուհետև պատասխանեք հետևյալ հարցերին:

Նվիրաբերված 10 ցենտանոց մետաղադրամների թիվը			
Մեդիսոն	Ռոս	Բելլա	Միգուել
15	9	12	11

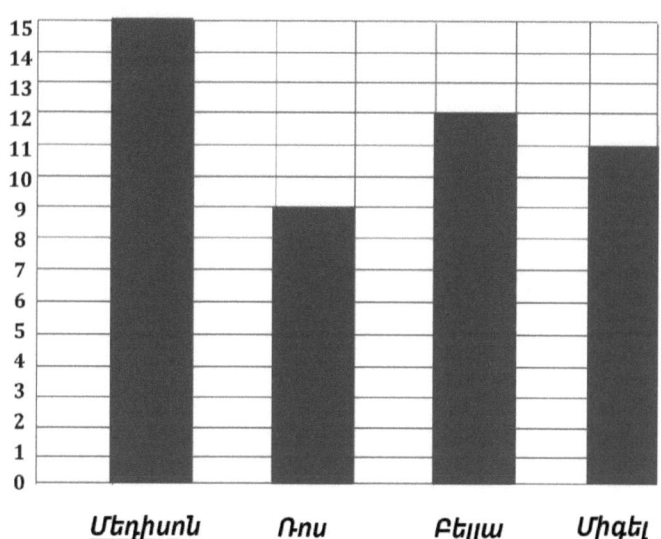

Վերնագիր՝ *Նվիրաբերված 10 ցենտանոց մետաղադրամների թիվը*

5

a. Որքա՞ն պակաս տաս ցենտանոց մետաղադրամ է նվիրաբերել Բելլան, քան Ռոսն ու Միգելը: 8

$9 + 11 = 20$ $\qquad$ $12 + ____ = 20$

b. Որքա՞ն ավելի տաս ցենտանոց մետաղադրամ է հարկավոր Մեդիսոնին, որպեսզի նա նվիրաբերի նույն գումարը, ինչ Ռոսն ու Բելլան: 6

$9 + 12 = 21$ $\qquad$ $15 + ____ = 21$

EUREKA MATH Դաս 5. Լուծեք բառային խնդիրներն՝ օգտվելով սյունակաձև դիագրամում ներկայացված տվյալներից: 109

c. Ընդամենը քանի՞ տաս ցենտանոց մետաղադրամ է նվիրաբերվել: __47__

$15 + 9 + 12 + 11 =$ ___

$27 \quad 20$

$27 + 20 = 47$

> Ես կարող եմ օգտագործել մտավոր մաթեմատիկա՝ ընդհանուրը գտնելու համար: Ես կարող եմ տասը ստանալ՝ $9 + 11 = 20$: Հեշտ է ավելացնել տասնյակներն ու մեկերը, երբ միավորում եմ 15-ը և 12-ը: Այնուհետև՝ $27 + 20 = 47$:

d. Շրջանակի մեջ առեք այն զույգը, ում մոտ ավելի շատ տաս ցենտանոց մետաղադրամներ կան (Մեդիսոնն և Ռոս), թե՞ Բելլա և Միգել: Ինչքանո՞վ շատ: __1__

$15 + 9 = 24$ $\quad\quad$ $12 + 11 = 23$ $\quad\quad$ $24 - 23 = 1$

Անուն ________________________________ Ամսաթիվ ______________

1. Լրացրեք սյունակաձև դիագրամն՝ օգտվելով աղյուսակից: Այնուհետև պատասխանեք հետևյալ հարցերին:

Հինգ ցենտանոց մետաղադրամների թիվը

Ջաստին	Մելիսա	Մեգան	Դուգլաս
13	9	12	7

Վերնագիր՝ ______________________________

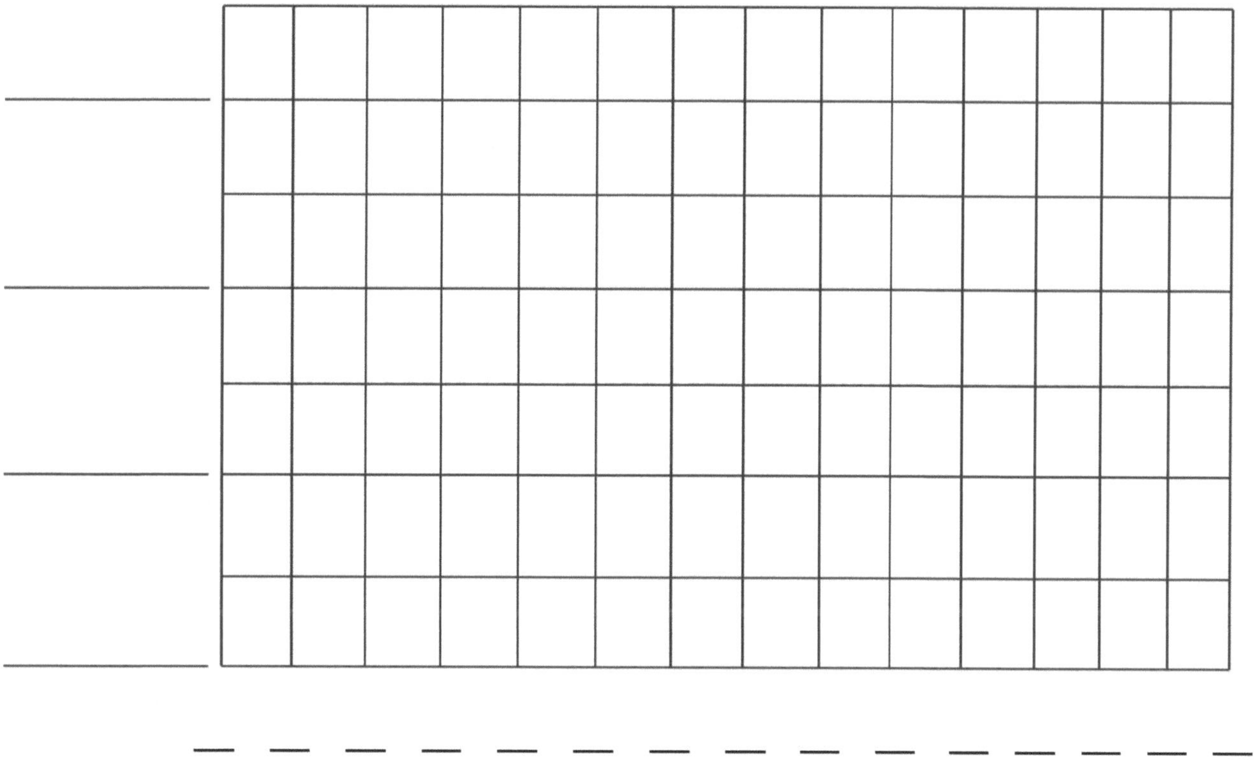

a. Որքանո՞վ ավելի հինգ ցենտանոց մետաղադրամ ունի Մեգանը, քան Մելիսսան: ______

b. Որքանո՞վ ավելի հինգ ցենտանոց մետաղադրամ ունի Դուգլասը, քան Ջաստինը: ______

c. Շրջանակի մեջ առեք այն զույգը, ում մոտ ավելի շատ հինգ ցենտանոց մետաղադրամներ կան, Ջաստին և Մելիսսա կամ Դուգլաս և Մեգան: Ինչքանո՞վ են շատ: ______

d. Ընդամենը քանի՞ հինգ ցենտանոց մետաղադրամ կլինի, եթե աշակերտները միավորեն իրենց ամբողջ գումարը:

____

Դաս 5. Լուծեք բառային խնդիրներն՝ օգտվելով սյունակաձև դիագրամում ներկայացված տվյալներից:

111

Copyright © Great Minds PBC

2. Լրացրեք սյունակաձև դիագրամն՝ օգտվելով աղյուսակից: Այնուհետև պատասխանեք հետևյալ հարցերին:

Նվիրաբերած տասը ցենտանոց մետաղադրամների թիվը

Քայլի	Թոմ	Ջոն	Շենոն
12	10	15	13

Վերնագիր՝ ______________________________

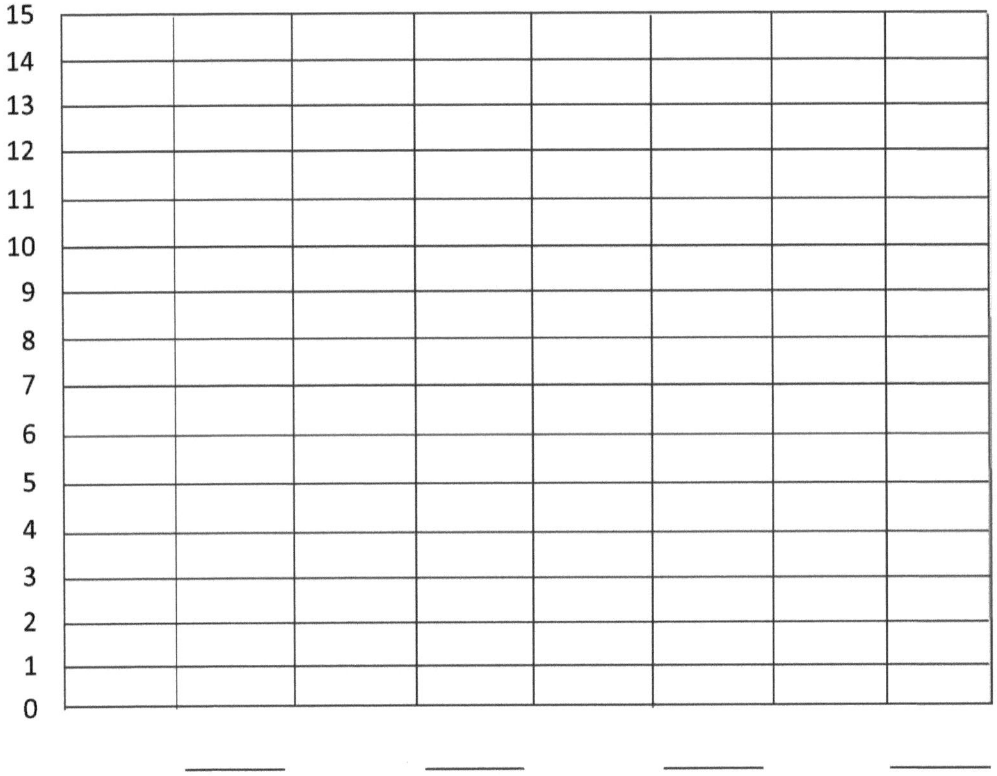

a. Որքա՞ն ավելի տասը ցենտանոց մետաղադրամ է նվիրաբերել Շենոնը: _______

b. Որքա՞ն պակաս տասը ցենտանոց մետաղադրամ է նվիրաբերել Կայլին, քան Ջոնն ու Շենոնը: _______

c. Որքա՞ն ավելի տասը ցենտանոց մետաղադրամներ են հարկավոր Թոմին նվիրաբերելու համար, Շենոնին և Կայլիին հավասարվելու համար: _______

d. Ընդամենը քանի՞ տասը ցենտանոց մետաղադրամ է նվիրաբերվել: _______

Հաշվեք կամ գումարեք, որպեսզի գտնեք մետաղադրամների յուրաքանչյուր խմբի ընդհանուր արժեքը:

Գրեք գումարն՝ օգտագործելով ¢ կամ $ նշանները:

1.	7¢
2.	13¢
3.	20¢
4.	18¢
5.	31¢

Գիտեմ, որ 5-ը և 2-ը կազմում են 7, այնպես որ 5 ցենտը և 2 ցենտը կազմում են 7 ցենտ:

Ես տեսնում եմ տաս ցենտանոց, որն արժե 10 ¢, և այդ ժամանակ ես տեսնում եմ նաև 2 հինգ ցենտանոց, կամ 2 հինգանոց, որը էլի կազմում է 10: Ընդհանուրը 20 ցենտ է:

Ես կարող եմ նաև հաշվել, որ լուծեմ. 10, 15, 16,17, 18: Ես չեմ կարող մոռանալ ցենտերի նշանը:

Երբ ես մետաղադրամ եմ հաշվում, ես առաջին հերթին սկսում եմ ամենամեծ արժեքից: Այն ավելի հեշտացնում է դրանք գումարելը և ընդհանուրը գտնելը: Քառորդը և հինգցենտանոցը կազմում են 30, գումարած պեննի՝ 31: Դա շատ ավելի հեշտ է, քան 25 + 6 գումարելը: Ընդհանուրը 31 ցենտ է:

Դաս 6. Ճանաչեք մետաղադրամների արժեքը և հաշվեք՝ դրանց ընդհանուր արժեքը գտնելու համար:

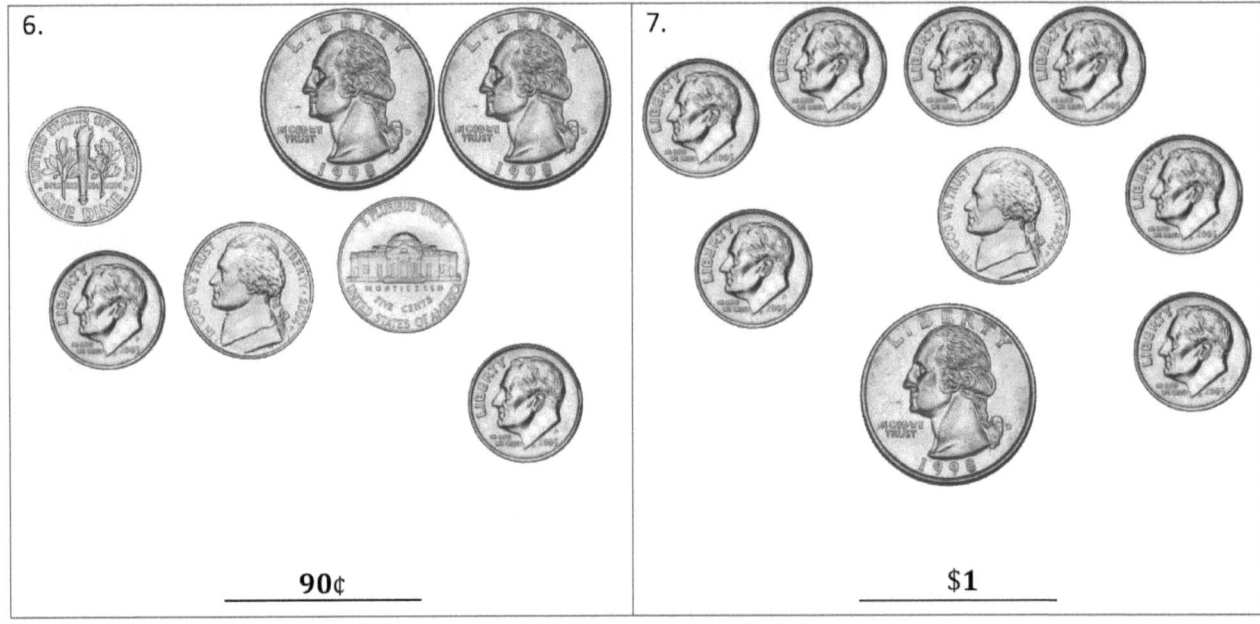

6. 90¢

7. $1

Գիտեմ, որ 2 քառորդը կազմում է 50 ցենտ, ուստի ես սկսում եմ այդտեղից: Տասցենտանոցներն ունեն հաջորդ ամենամեծ արժեքը, ուստի ես գումարում եմ դրանք: 3 տասցենտանոց կա, ուստի ես գումարում եմ 30 ցենտ: Հետո կա 2 հինգցենտանոց, ուստի ես գումարում եմ ևս 10 ցենտ: Ընդհանուրը 90 ցենտ է:

Հաջորդ տասը կարող եմ ստանալ՝ ավելացնելով հինգ ցենտանոցը քառորդին: Դա ավելի հեշտացնում է գումարել բոլոր տասցենտանոցները: 25 + 5 = 30, իսկ հետո ես հաշվում եմ՝ 40, 50, ..., 100. 100 ցենտը մեկ դոլար է:

ՄԻԱՎՈՐՆԵՐԻ ՊԱՏՄՈՒԹՅՈՒՆ   Դաս 6 Տնային աշխատանք   2•7

Անուն _____   Ամսաթիվ _____

Հաշվեք կամ գումարեք, որպեսզի գտնեք մետաղադրամների յուրաքանչյուր խմբի ընդհանուր արժեքը:

Գրեք գումարն՝ օգտագործելով ¢ կամ $ նշանները:

1. 	_____
2. 	_____
3. 	_____
4. 	_____
5. 	_____
6. 	_____
7. 	_____

Դաս 6.   Ճանաչեք մետաղադրամների արժեքը և հաշվեք՝ դրանց ընդհանուր արժեքը գտնելու համար: 115

8.
____

9.
____

10.
____

11.
____

12.
____

13.
____

14.
____

15.
____

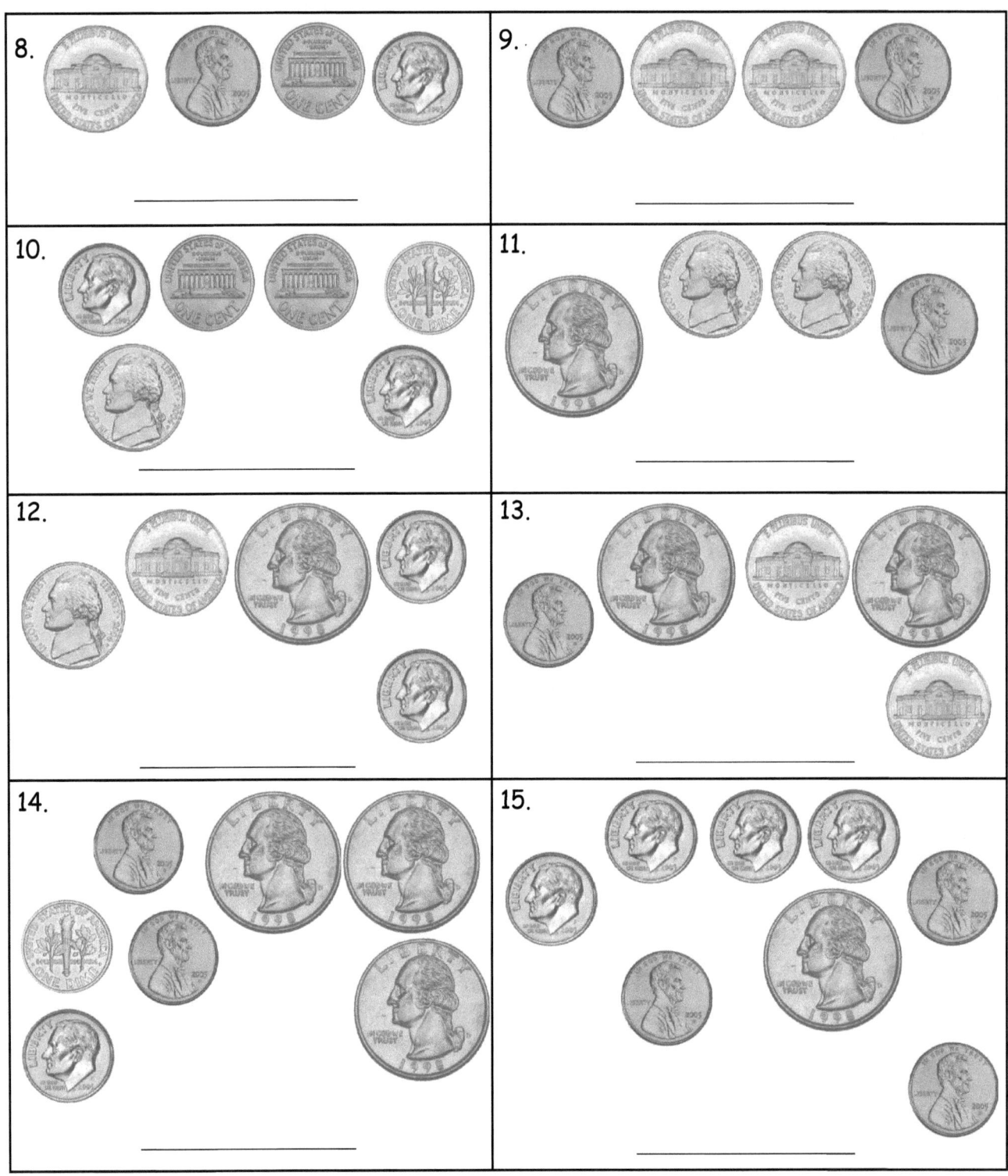

Լուծեք:

Էնրիկեն իր դրամապանակում ուներ 2 քսանհինգ ցենտանոց մետաղադրամ, 2 տաս ցենտանոց մետաղադրամ, 5 պեննի և 3 հինգ ցենտանոց մետաղադրամ: Ապա, նա գնեց լիմոնադ 25 ցենտով: Որքա՞ն փող մնաց նրա մոտ:

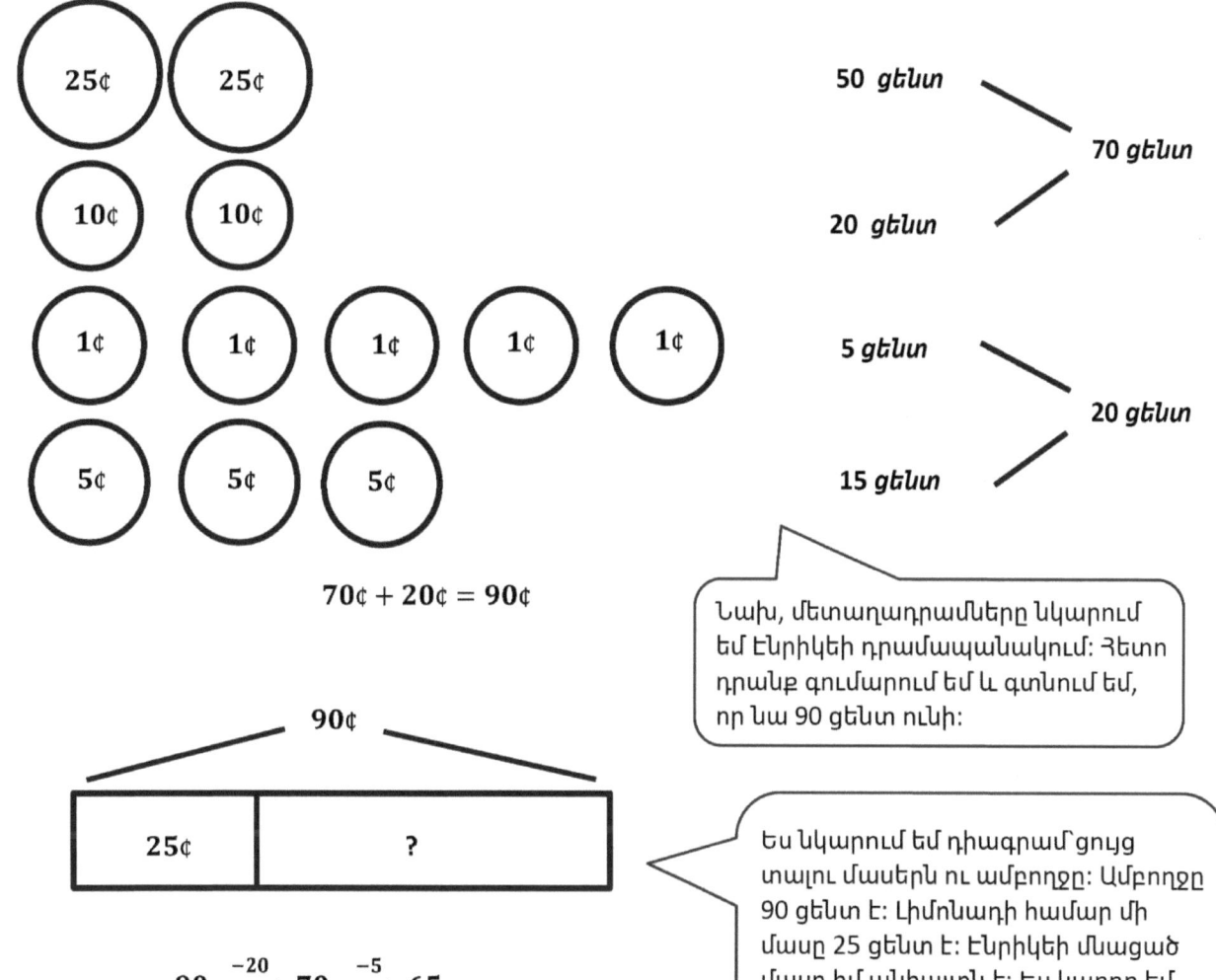

$70¢ + 20¢ = 90¢$

Նախ, մետաղադրամները նկարում եմ Էնրիկեի դրամապանակում: Հետո դրանք գումարում եմ և գտնում եմ, որ նա 90 ցենտ ունի:

Ես նկարում եմ դիագրամ՝ ցույց տալու մասերն ու ամբողջը: Ամբողջը 90 ցենտ է: Լիմոնադի համար մի մասը 25 ցենտ է: Էնրիկեի մնացած մասը իմ անհայտն է: Ես կարող եմ լուծել սլաքի եղանակով:

$90 \xrightarrow{-20} 70 \xrightarrow{-5} 65$

$90¢ - 25¢ = ?$

$90¢ - 25¢ = 65¢$

Էնրիկեի մոտ մնացել էր 65 ցենտ:

Անուն ______________________________ Ամսաթիվ ______________

Լուծեք:

1. Ռուբենն ունի 4 տաս ցենտանոց մետաղադրամ, 3 հինգ ցենտանոց մետաղադրամ և 16 պեննի: Ինչքա՞ն փող ունի նա:

2. Էլին գտել էր 1 քսանհինգ ցենտանոց մետաղադրամ, 1 տաս ցենտանոց մետաղադրամ և 2 պեննի իր գրասեղանում և 16 պեննի ու 2 տաս ցենտանոց մետաղադրամ իր ուսապարկում: Ընդամենը ինչքա՞ն փող ունի նա:

3. Կերին գրպանում ունի 2 տաս ցենտանոց մետաղադրամ, 1 քսանհինգ ցենտանոց մետաղադրամ և 11 պեննի: Այպա նա 35 ցենտով գնեց փափուկ թխվածքաբլիթ: Ինչքա՞ն փող է մնացել Կերիի մոտ:

ՄԻԱՎՈՐՆԵՐԻ ՊԱՏՄՈՒԹՅՈՒՆ Դաս 7 Տնային աշխատանք 2•7

4. Էտանն ունի 67 ցենտ: Նա իր քրոջը տվեց 1 քսանհինգ ցենտանոց մետաղադրամ և 6 պեննի: Ինչքա՞ն փող մնաց Էտանի մոտ:

5. Սյուզանի խոզուկ-դրամատուփում կա 4 տաս ցենտանոց մետաղադրամ և 3 հինգ ցենտանոց մետաղադրամ: Նաաեն իր խոզուկ-դրամատուփում ունի 17 պեննի և 3 հինգ ցենտանոց մետաղադրամ: Ընդամենը ինչքա՞ն փող կա երկու խոզուկ-դրամատուփերում:

6. Թայսոնն ունի 1 քսանհինգ ցենտանոց մետաղադրամ, 4 տաս ցենտանոց մետաղադրամ. 4 հինգ ցենտանոց մետաղադրամ և 5 պեննի: Նա իր զարմիկին տվեց 57 ցենտ: Ինչքա՞ն փող մնաց Թայսոնի մոտ:

Լուծեք:

Կլերն ունի $89: Նա ունի 3-ով ավելի հինգ դոլարանոց թղթադրամ, 4-ով ավելի մեկ դոլարանոց թղթադրամ և 1-ով ավելի տաս դոլարանոց թղթադրամ, քան Թրեյը: Ինչքա՞ն փող ունի Թրեյը:

Նախ ես կարող եմ բոլոր այն թղթադրամները նկարել, որոնցից Քլերն ունի ավելին, քան Թրեյը: Ես գումարում եմ դրանք և գտնում եմ, որ նա 29 դոլար ավել ունի, քան Թրեյը:

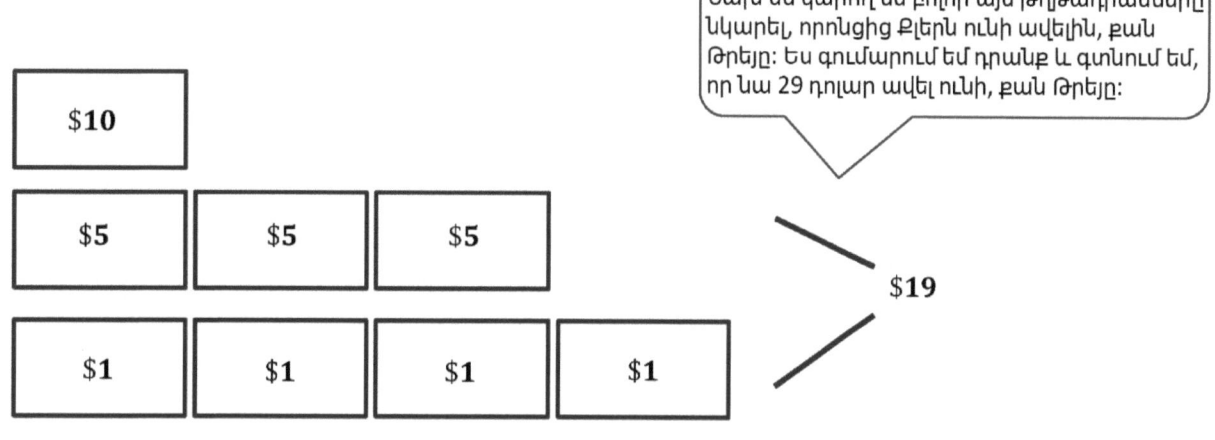

$\$10 + \$19 = \$29$

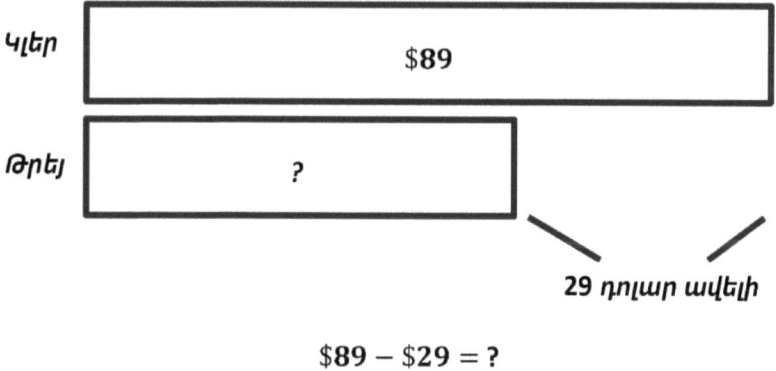

Հետո ես նկարում եմ դիագրամ՝ համեմատելու Կլերի և Թրեյի փողերը:

Քլերը 89 դոլար ունի, և ես գիտեմ, որ Թրեյը դրանից 29 դոլար պակաս ունի: Չգիտեմ, թե որքան գումար ունի Թրեյը, այնպես որ հարցականի նշան եմ դնում այն ժապավենի վրա, որը ներկայացնում է Թրեյի փողը:

$\$89 - \$29 = ?$

Թրեյն ունի 60 դոլար:

Դաս 8. Լուծեք խնդիրներ՝ օգտագործելով թղթադրամների խմբի ընդհանուր արժեքը: 121

Անուն ______________________________ Ամսաթիվ ______________

Լուծեք:

1. Պարոն Չանգն ունի 4 տաս դոլարանոց թղթադրամ, 3 հինգ դոլարանոց թղթադրամ և 3 մեկ դոլարանոց թղթադրամ: Ընդամենը ինչքա՞ն փող ունի նա:

2. Իր բակում կազմակերպած վաճառքից Դենին ստացավ 1 քսան դոլարանոց թղթադրամ և 5 մեկ դոլարանոց թղթադրամ: Այս շաբաթ նա ստացավ 3 տաս դոլարանոց և 3 հինգ դոլարանոց թղթադրամ: Ընդամենը ինչքա՞ն գումար է նա ստացել երկու շաբաթում:

3. Պատրիկն ունի 2-ով պակաս տաս դոլարանոց թղթադրամներ, քան Բրեննան: Պատրիկն ունի $64: Որքանո՞վ ավելի փող ունի Բրեննան:

EUREKA MATH Դաս 8. Լուծեք խնդիրներ՝ օգտագործելով թղթադրամների խմբի ընդհանուր արժեքը: 123

4. Շաբաթ օրը Մերի Ջոն ստացել է 5 տաս դոլարանոց թղթադրամ, 4 հինգ դոլարանոց թղթադրամ և 17 մեկ դոլարանոց թղթադրամ: Կիրակի օրը նա ստացել է 4 տաս դոլարանոց թղթադրամ, 5 հինգ դոլարանոց թղթադրամ և 15 մեկ դոլարանոց թղթադրամ: Որքա՞ն ավելի փող է ստացել Մերի Ջոն շաբաթ օրը, քան կիրակի օրը:

5. Ալեքսիսն ունի $95: Նա ունի 2 հինգ դոլարանոց թղթադրամով ավելի, 5 մեկ դոլարանոց ավելի և 2 տաս դոլարանոց ավելի, քան Կասայը: Ինչքա՞ն փող ունի Կասայը:

6. Քեյթն ուներ 2 տաս դոլարանոց թղթադրամ, 6 հինգ դոլարանոց թղթադրամ և 21 մեկ դոլարանոց թղթադրամ նախքան նա ծախսել էր $45 նոր հագուստի վրա: Ինչքա՞ն փող չէր ծախսվել:

1. Ուրիշ եղանակով ստացեք նույն ընդհանուր արժեքը:

21 ցենտ

2 տասցենտանոց և 1 պեննի = 21 ցենտ

21 ցենտ ստանալու ևս մեկ եղանակ

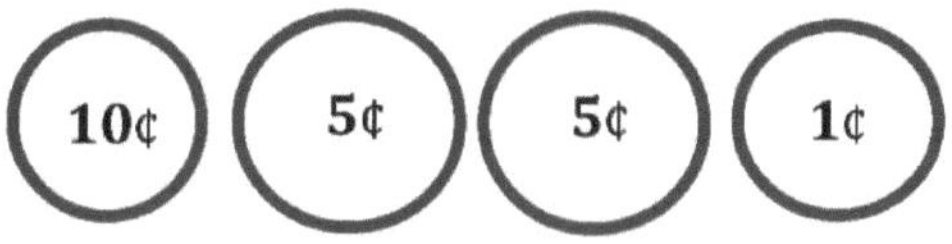

Գիտեմ, որ 2 հինգցենտանոցը կազմում է 10 ցենտ, այնպես որ ես պարզապես փոխում եմ 1 տասցենտանոցը 2 հինգցենտանոցի հետ: Ես կարող էի օգտագործել նաև որոշ պեննիներ՝ միայն հինգցենտանոցների փոխարեն, բայց նկարելու համար դա ավելի շատ ժամանակ կպահանջեր, քանի որ այն ավելի շատ մետաղադրամ է օգտագործում:

Գիտեմ, որ 3 քսանհինգ ցենտանոցը 75 ցենտ է: Հետո գումարում եմ մյուս մետաղադրամները: 10 + 5 + 5 + 5 = 25, այնպես որ Էնդրյուն ունի 100 ցենտ, կամ 1 դոլար:

2. Էնդրյուն գրպանում ունի 3 քսանհինգ ցենտանոց մետաղադրամ, 1 տաս ցենտանոց մետաղադրամ, 2 հինգ ցենտանոց մետաղադրամ և 5 պեննի: Գրեք մետաղադրամների երկու տարբեր համադրություններ՝ նույն գումարի չափով մանր ստանալու համար:

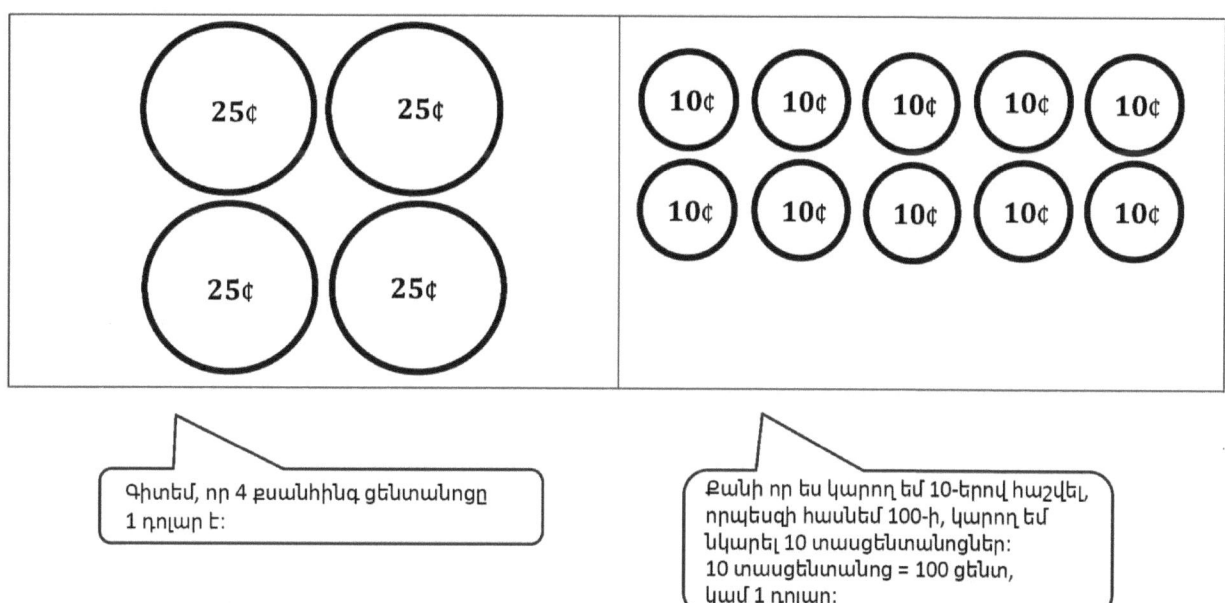

Գիտեմ, որ 4 քսանհինգ ցենտանոցը 1 դոլար է:

Քանի որ ես կարող եմ 10-երով հաշվել, որպեսզի հասնեմ 100-ի, կարող եմ նկարել 10 տասցենտանոցներ:
10 տասցենտանոց = 100 ցենտ,
կամ 1 դոլար:

Դաս 9. Լուծեք բառային խնդիրներն՝ օգտագործելով նույն ընդհանուր արժեքով մետաղադրամների տարբեր համադրություններ: 125

Անուն ______________________________ Ամսաթիվ ______________

Նկարե՛ք մետաղադրամներ՝ ցույց տալու նույն արժեքը ստանալու մեկ այլ եղանակ:

1. 25 ցենտ 1 տասցենտանոցը 3 հինգցենտանոցը 25 ցենտ է:	25 ցենտ ստանալու ուրիշ եղանակ՝
2. 40 ցենտ 4 տասցենտանոցը 40 ցենտ է:	40 ցենտ ստանալու ուրիշ եղանակ՝
3. 60 ցենտ 2 քսանհինգցենտանոցը և 1 տասցենտանոցը 60 ցենտ է:	60 ցենտ ստանալու ուրիշ եղանակ՝
4. 80 ցենտ 3 քսանհինգցենտանոց և 1 հինգցենտանոց մետաղադրամների ընդհանուր արժեքը կազմում է 80 ցենտ:	80 ցենտ ստանալու ուրիշ եղանակ՝

Դաս 9. Լուծեք բառային խնդիրները՝ օգտագործելով նույն ընդհանուր արժեքով մետաղադրամների տարբեր համադրություններ:

5. Սամանտան գրպանում ունի 67 ցենտ: Գրեք մետաղադրամների երկու տարբեր համադրություններ՝ նույն գումարի չափը ցույց տալու համար:

6. Խանութի աշխատողը Ջերեմիին տվեց 2 քսանհինգ ցենտանոց, 3 հինգ ցենտանոց մետաղադրամ և 4 պեննի: Գրեք մետաղադրամների երկու տարբեր համադրություններ՝ նույն գումարի չափը ցույց տալու համար:

7. Չելսին ունի 10 տաս ցենտանոց մետաղադրամ: Գրեք մետաղադրամների երկու տարբեր համադրություններ՝ նույն գումարի չափը ցույց տալու համար:

1. Աննան ցույց տվեց 30 ցենտը երկու եղանակով: Շրջանակի մեջ առեք այն եղանակը, որտեղ ամենաքիչ մետաղադրամներն են օգտագործվել:

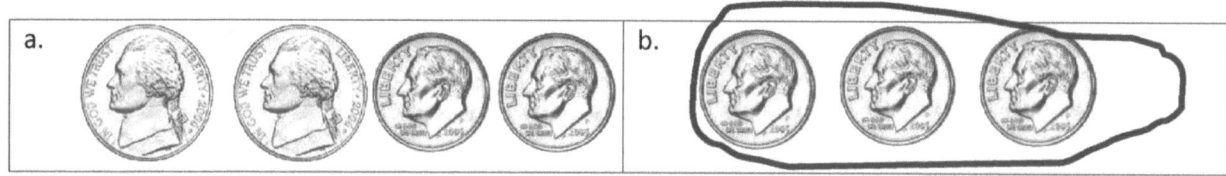

(a) տարբերակի ո՞ր երկու մետաղադրամներն են փոխարինվել (b) տարբերակի մեկ մետաղադրամով:

Աննան փոխեց 2 հինգցենտանոցը 1 տասցենտանոցով:

Աննան ուներ 2 հինգցենտանոց, որը հավասար էր 10 ցենտի, այնպես որ նա կարողացավ փոխել դրանք 1 տասցենտանոցով:

2. Ստացեք 74 ցենտ երկու եղանակով: Գրեք մետաղադրամների հնարավորինս նվազագույն քանակը ստորև աջ կողմում:

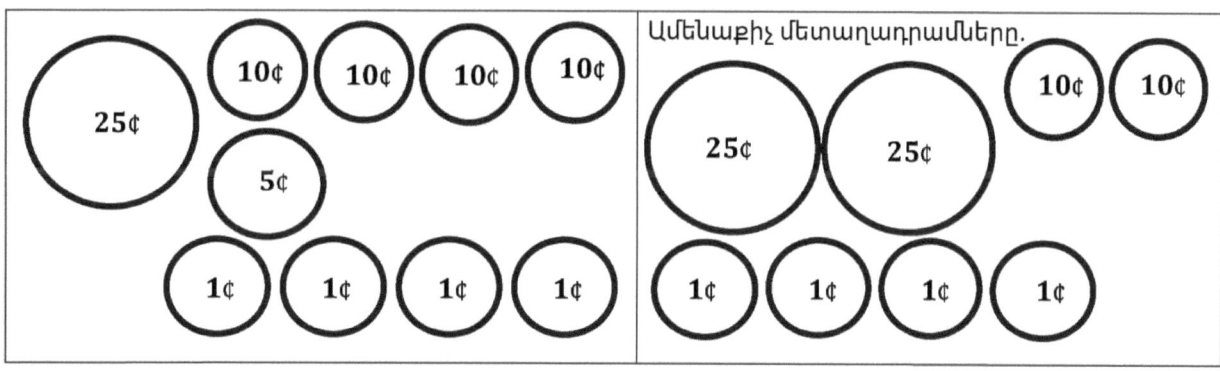

Ամենաքիչ մետաղադրամների համար ես սկսում եմ 25 ցենտանոցից, քանի որ այն ունի ամենամեծ արժեքը: 25, 50, 75. Վայ, 3 25 ցենտանոցը չափազանց շատ է: Ես կանգ կառնեմ 50 ցենտի վրա: Հիմա ավելացնում եմ հաջորդ ամենամեծ արժեքը՝ տասցենտանոցներ: 60, 70. Ինձ պետք է և 4 ցենտ, ուստի գումարում եմ 4 պեննի:

3. Շելբին սխալվեց, երբ խնդրեց 66 ցենտը ցույց տալ երկու եղանակով: Շրջանակի մեջ առե՛ք նրա սխալը և բացատրե՛ք, թե որտեղ է նա սխալվել:

2 քսանհինգցենտանոց, 1 տասցենտանոց, 1 հինգցենտանոց, 1 պեննի	Ամենաքիչ մետաղադրամները. 6 տասցենտանոց, 1 հինգցենտանոց, 1 պեննի

Առաջին համադրության մեջ ամենաքիչ մետաղադրամները կային: Քանի որ 2 քսանհինգ ցենտանոց մետաղադրամներն ունեն նույն արժեքը, ինչ 5 տաս ցենտանոց մետաղադրամները, Շելբիին հարկավոր է միայն 5 մետաղադրամ՝ 66 ցենտ ստանալու համար: Նրա երկրորդ համադրության մեջ 8 մետաղադրամ կա:

Անուն ______________________ Ամսաթիվ ______________

1. Տարան երկու եղանակով ստացավ 30 ցենտ: Շրջանակի մեջ առեք այն եղանակը, որտեղ ամենաքիչ մետաղադրամներն են օգտագործվել:

a.	b.

(a) տարբերակի ո՞ր երկու մետաղադրամներն են փոխարինվել (b) տարբերակի մեկ մետաղադրամով:

____

2. Ստացեք 40¢ երկու եղանակով: Գրեք մետաղադրամների հնարավորինս նվազագույն քանակը ստորև աջ կողմում:

	Ամենաքիչ մետաղադրամները.

3. Ստացեք 55¢ երկու եղանակով: Գրեք մետաղադրամների հնարավորինս նվազագույն քանակը ստորև աջ կողմում:

	Ամենաքիչ մետաղադրամները.

Դաս 10. Տվյալ գումարը ստանալու համար օգտագործեք մետաղադրամների նվազագույն քանակը: 131

4. Ստացե՛ք 66¢ երկու եղանակով: Գրեք մետաղադրամների հնարավորինս նվազագույն քանակը ստորև աջ կողմում:

	Ամենաքիչ մետաղադրամները.

5. Ստացե՛ք 80¢ երկու եղանակով: Գրեք մետաղադրամների հնարավորինս նվազագույն քանակը ստորև աջ կողմում:

	Ամենաքիչ մետաղադրամները.

6. Ստացե՛ք $1 երկու եղանակով: Գրեք մետաղադրամների հնարավորինս նվազագույն քանակը ստորև աջ կողմում:

	Ամենաքիչ մետաղադրամները.

7. Թարան սխալվեց, երբ խնդրեց 91¢ ցույց տալ երկու եղանակով: Շրջանակի մեջ առեք նրա սխալը և բացատրեք, թե որտեղ է սխալվել:

3 քսանհինգցենտանոց, 1 տասցենտանոց, 1 հինգցենտանոց մետաղադրամ և 1 պեննի	Ամենաքիչ մետաղադրամները. 9 տասցենտանոց և 1 պեննի

____

____

____

1. Հաշվեք սլաքների եղանակով՝ լրացնելով թվային արտահայտությունը: Այնուհետև մետաղադրամներով ցույց տվեք, որ ձեր պատասխանը ճիշտ է, եթե հնարավոր է:

65¢ + **35¢** = 100¢

$$65 \xrightarrow{+5} 70 \xrightarrow{+30} 100$$

Ես սկսում եմ 65 ցենտից և գումարում եմ ևս 5-ը՝ հաջորդ 10-ը ստանալու համար, ինչը 70 ցենտ է: Գիտեմ, որ պետք է ևս 30 ցենտ, որպեսզի ստանամ 100 ցենտ, կամ 1 դոլար: 5 + 30 = 35, այնպես որ բացակայող մասը 35 ցենտ է:

2. Լուծեք՝ օգտագործելով սլաքների եղանակը և թվային զույգ:

22¢ + **78¢** = 100¢

$1

$$22 \xrightarrow{+8} 30 \xrightarrow{+70} 100$$

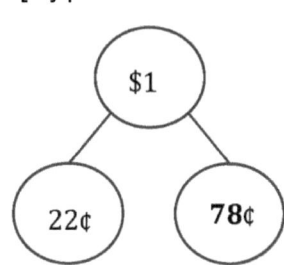

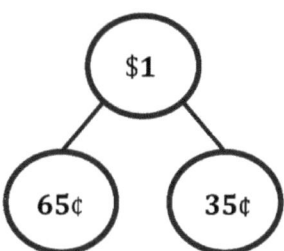

Ես օգտագործում եմ թվային զույգը՝ ցույց տալու համար, որ ամբողջը $ 1 է, և կա երկու մաս: Այն մասը, որը ես արդեն գիտեմ, 22 ցենտ է: Սլաքի եղանակն օգտագործելուց հետո ես կարող եմ լրացնել բաց թողնված մասը, որը կազմում է 78 ցենտ:

100¢ − 65¢ = **35¢**

$1

$$100 \xrightarrow{-60} 40 \xrightarrow{-5} 35$$

Ես օգտագործում եմ սլաքի եղանակը՝ հանելու համար: Եթե ինչ-որ բան եմ գնել 65 ցենտով, իսկ գանձապահին 1 դոլար եմ տալիս, ապա 35 ցենտ մանր կվերադարձնեն:

Դաս 11. Օգտագործեք տարբեր եղանակներ՝ $1 ստանալու համար կամ $1-ի մանրադրամներ ստանալու համար: 133

Copyright © Great Minds PBC

Անուն ______________________ Ամսաթիվ ______________

1. Հաշվեք սլաքների եղանակով՝ լրացնելով թվային արտահայտությունը: Այնուհետև մետաղադրամներով ցույց տվեք, որ ձեր պատասխանը ճիշտ է, եթե հնարավոր է:

a. 25¢ + ______ = 100¢

$25 \xrightarrow{+0}$ ___ $\xrightarrow{+}$ 100

b. 45¢ + ______ = 100¢

c. 62¢ + ______ = 100¢

d. ______ + 79¢ = 100¢

2. Լուծեք՝ օգտագործելով սլաքների եղանակը և թվային զույգ:

a. 19¢ + ______ = 100¢

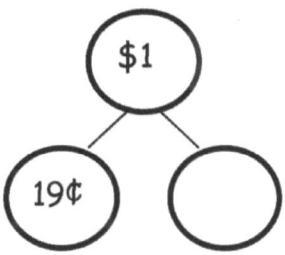

$1

b. 77¢ + ______ = 100¢

c. 100¢ – 53¢ = ______

Դաս 11. Օգտագործեք տարբեր եղանակներ՝ $1 ստանալու համար կամ $1-ի մանրադրամներ ստանալու համար:

3. Լուծեք:

a. _____ + 38¢ = 100¢

b. 100¢ − 65¢ = _____

c. 100¢ − 41¢ = _____

d. 100¢ − 27¢ = _____

e. 100¢ − 14¢ = _____

Մարիան ունի 1 քսանհինգ ցենտանոց մետաղադրամ, 8 պեննի, 4 հինգ ցենտանոց մետաղադրամ և 1 տաս ցենտանոց մետաղադրամ: Նրան հարկավոր է 1 դոլար ավտոբուս նստելու համար: Ինչքա՞ն փող պետք է վերցնի Մարիան իր մայրիկից:

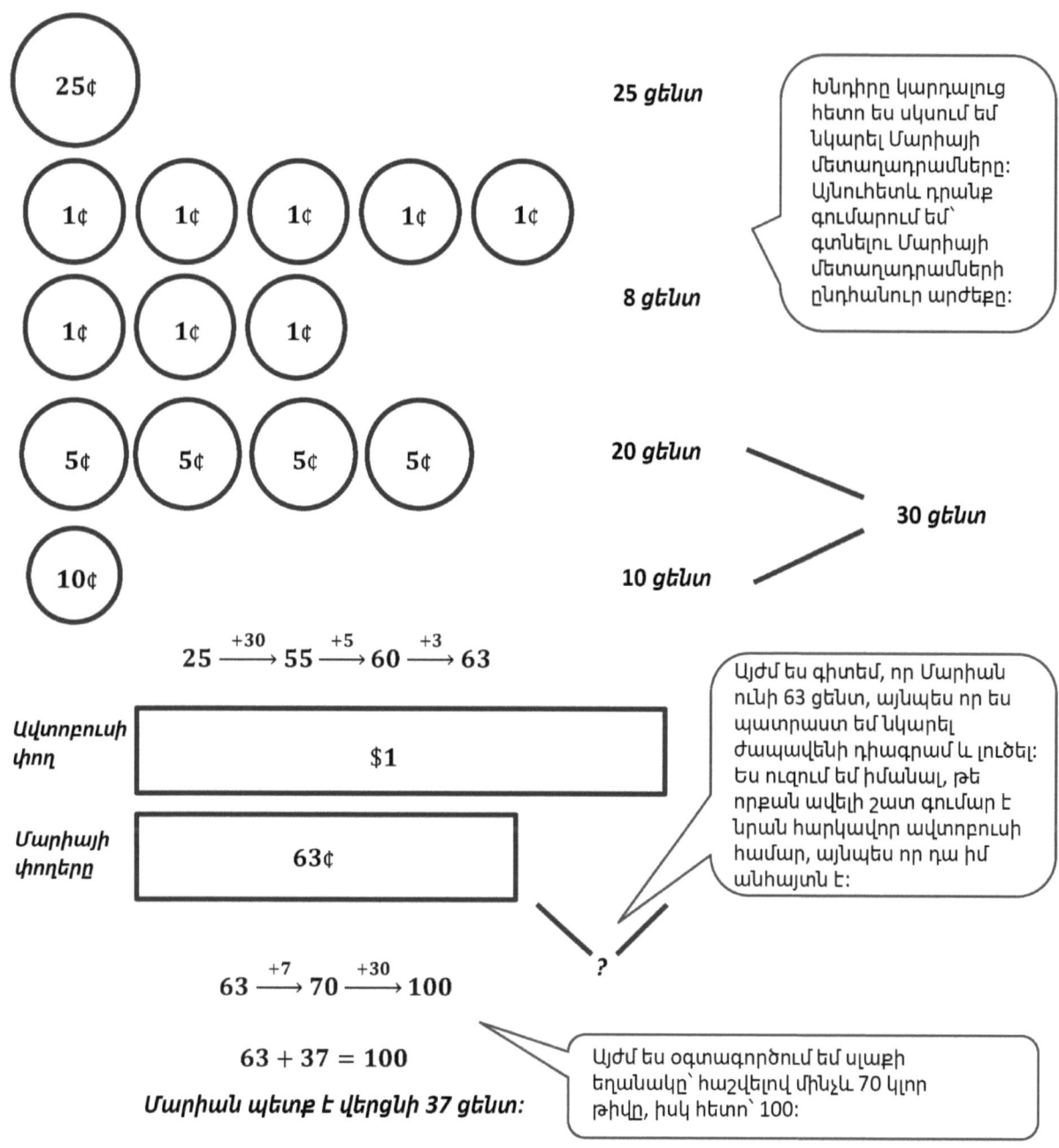

25 *ցենտ*

8 *ցենտ*

20 *ցենտ*

10 *ցենտ*

30 *ցենտ*

Խնդիրը կարդալուց հետո ես սկսում եմ նկարել Մարիայի մետաղադրամները: Այնուհետև դրանք գումարում եմ՝ գտնելու Մարիայի մետաղադրամների ընդհանուր արժեքը:

$$25 \xrightarrow{+30} 55 \xrightarrow{+5} 60 \xrightarrow{+3} 63$$

Այժմ ես գիտեմ, որ Մարիան ունի 63 ցենտ, այնպես որ ես պատրաստ եմ նկարել ժապավենի դիագրամ և լուծել: Ես ուզում եմ իմանալ, թե որքան ավելի շատ գումար է նրան հարկավոր ավտոբուսի համար, այնպես որ դա իմ անհայտն է:

$$63 \xrightarrow{+7} 70 \xrightarrow{+30} 100$$

$$63 + 37 = 100$$

Մարիան պետք է վերցնի 37 ցենտ:

Այժմ ես օգտագործում եմ սլաքի եղանակը՝ հաշվելով մինչև 70 կլոր թիվը, իսկ հետո՝ 100:

Անուն ______________________________ Ամսաթիվ ______________

Լուծեք՝ օգտագործելով սլաքների եղանակը, թվային զույգը կամ ժապավենաձև դիագրամը:

1. Քեվինն ունի 100 ցենտ: Նա ծախսել է 3 տաս ցենտանոց մետաղադրամ, 3 հինգ ցենտանոց մետաղադրամ և 4 պեննի փուչիկ գնելու համար:
   Ինչքա՞ն գումար մնաց նրա մոտ:

2. Քոլին գնել է բացիկ 45 ցենտով: Նա գանձապահին տվեց $1: Ինչքա՞ն մանր է նա ստացել:

3. Էյլինը իր մեկ դոլարից 75 ցենտը ծախսել է շուկայում: Որքա՞ն գումար է նրա մոտ մնացել:

4. Գլուխկոտրուկը, որը ցանկանում է ձեռք բերել Քեյսին, արժե **$1**: Նա ունի **6** հինգցենտանոց մետաղադրամ, **1** տասցենտանոց մետաղադրամ և **11** պեննի: Ինչքա՞ն ավելի գումար է նրան անհրաժեշտ՝ գլուխկոտրուկը գնելու համար:

5. Գարետը բազմոցում գտավ **19** ցենտ և մահճակալի տակ **34** ցենտ: Ինչքա՞ն ավելի գումար է նրան անհրաժեշտ գտնել՝ **$1** ունենալու համար:

6. Քելին Մոլիից **38** ցենտ պակաս գումար ունի: Մոլին ունի **$1**: Ինչքա՞ն գումար ունի Քելին:

7. Մարիոն **41**-ով ավելի ցենտ ունի, քան Ռայանը: Մարիոն ունի **$1**: Ինչքա՞ն գումար ունի Ռայանը:

Ջեյմսն ունի 1 քսանհինգ ցենտանոց մետաղադրամ, 1 տասցենտանոց մետաղադրամ և 12 պեննի: Նա իր մահճակալի տակից գտավ 3 մետաղադրամ: Այժմ նա ուն 77 ցենտ: Ինչ՞ 3 մետաղադրամներ է նա գտել:

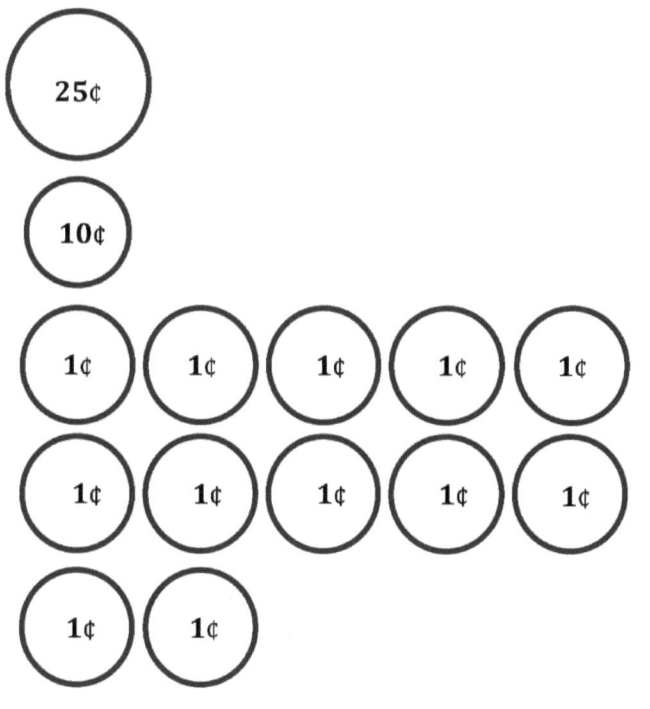

10¢
1¢
1¢
1¢
1¢
1¢
1¢
1¢
1¢
1¢
1¢
1¢
1¢

25 ցենտ

10 ցենտ

12 ցենտ

Խնդիրը կարդալուց հետո ես նկարում եմ այն մետաղադրամները, որոնք սկզբում ունեցել է Ջեյմսը: Այնուհետև ես գումարում եմ դրանք՝ սլաքի եղանակն օգտագործելով: Ջեյմսն ուներ 47 ցենտ:

$$25 \xrightarrow{+10} 35 \xrightarrow{+10} 45 \xrightarrow{+2} 47$$

$$47 + \underline{\quad 30 \quad} = 77$$

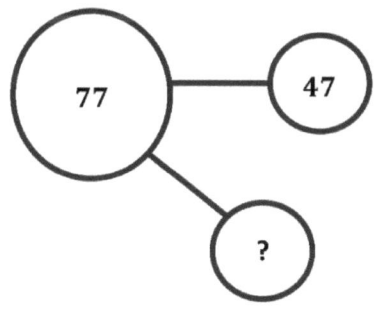

Երբ ես դա ցույց եմ տալիս այսպես՝ բացակայող մասով թվային զույգով, դա օգնում է ինձ հասկանալ իրավիճակը: Նա գտավ 30 ցենտ ավելին, քանի որ 47 + 30 = 77: Գիտեմ, քանի որ միայն տասնյակներն են փոխվում 47-ից 77: 47-ից 77-ը 3 տասնյակով է ավելի:

Ջեյմսը գտել էր 3 տասցենտանոց:

Գիտեմ, որ Ջեյմսը գտել է 30 ցենտ, իսկ 30-ը՝ 3 տասնյակ է, այնպես որ նա պետք է գտած լիներ 3 տասցենտանոց:

Դաս 13. Լուծեք երկքայլանի բառային խնդիրներ՝ օգտագործելով դոլարներ կամ ցենտներ $100 կամ $1 ընդհանուր գումարով: 141

Անուն ______________________________ Ամսաթիվ ______________

1. Քելին մատիտի սրիչ է գնել 47 ցենտով, իսկ մատիտը՝ 35 ցենտով: Ինչքա՞ն մանր վերադարձրեցին $1-ից:

2. Հեյ Յունգը փափուկ թխվածքաբլիթ է գնել 3 տասցենտանոց և 1 հինգցենտանոց մետաղադրամներով: Նա նաև գնեց հյութի տուփ: Նա ծախսեց 92 ցենտ: Ի՞նչ արժեր հյութի տուփը:

3. Նոլանն ունի 1 քսանհինգցենտանոց, 1 հինգցենտանոց մետաղադրամ և 21 պեննի: Նրա եղբայրը տվեց նրան 2 մետաղադրամ: Այժմ նա ուն 86 ցենտ: Ի՞նչ 2 մետաղադրամ տվեց նրան եղբայրը:

EUREKA MATH Դաս 13. Լուծեք երկքայլանի բառային խնդիրներ՝ օգտագործելով դոլարներ կամ ցենտեր $100 կամ $1 ընդհանուր գումարով: 143

4. Մոնիկը խնայել է 2 տաս դոլարանոց, 4 հինգ դոլարանոց և 15 մեկ դոլարանոց թղթադրամ։ Հարրին խնայել է $16 ավելի, քան Մոնիկը։ Որքա՞ն գումար է խնայել Հարրին։

5. Ռայանը գնաց գնումների 3 քսան դոլարանոց, 3 տաս դոլարանոց, 1 հինգդոլարանոց և 9 մեկ դոլարանոց թղթադրամներով։ Նա 59 դոլարը ծախսեց վիդեո խաղի վրա։ Ինչքա՞ն գումար մնաց նրա մոտ։

6. Հեթերն ուներ 3 տաս դոլարանոց և 4 հինգ դոլարանոց, որ մնացել էր $29-ով նոր զույգ սպորտային կոշիկ գնելուց հետո։ Ինչքա՞ն փող կար նրա մոտ՝ նախքան սպորտային կոշիկ գնելը։

1. Չափեք ձեր տան մեջ այս առարկաները դյույմանոց սալիկի միջոցով: Գրանցեք չափումները տրված աղյուսակում:

Առարկա	Չափում
Սանրի երկարությունը	**4 *դյույմ***
Կաթի տուփի բարձրությունը	**10 *դյույմ***
Ձեռոցի երկարությունը	**27 *դյույմ***

Սալիկը դնում եմ կաթի տուփի մի ծայրին և նշում եմ անում, որտեղ սալիկը սկսվում և ավարտվում է: Այնուհետև ես սալիկն եմ առաջ շարժում և եզրը տեղադրում նախորդ հեշի նշանի վերևում:

Քանի որ ես չեմ կարող նկարել վառարան, ես օգտագործեցի մատիտիս ծայրը, որը կհիշեցներ ինձ, թե ամեն անգամ որտեղ տեղադրել իմ թիզ սալիկը: Իմ հեշի նշանների միջև ընկած տարածությունններն ամեն անգամ նույն երկարությունն են ունենում:

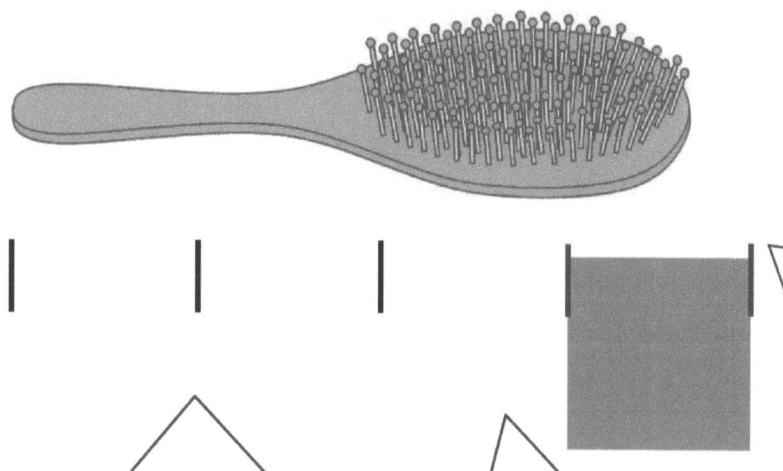

Ես ոչ մի բացատ չեմ թողնում իմ դյույմ սալիկի և գծապատկերնե-րի նշանների միջև:

Ես օգտագործում եմ նշանն ու առաջ շարժվելու ռազմավարությունը, երբ չափում եմ իմ փոքրիկ սանրը իմ կարմիր դյույմ սալիկով: Ես դյույմ սալիկս դրեցի՝ շոշափելով սանրի վերջնակետը: Այնուհետև ես նշում եմ անում, որտեղ դյույմ սալիկն ավարտվում է, այնպես որ ես գիտեմ, թե որտեղ պետք է տեղադրել այն, երբ այն շարժեմ:

Ես հաշվում եմ իմ հեշի նշանների միջև ընկած բացատները `տեսնելու համար, թե քանի սանտիմետր երկարություն ունի իմ սանրը: Իմ սանրը գրեթե 4 դյույմ է, այնպես որ կարող եմ ասել, որ այն մոտ 4 դյույմ է:

Դաս 14. Կապակցե՛ք չափումը ֆիզիկական միավորների հետ՝ չափելու համար օգտագործելով դյույմանոց սալիկի կրկնություն: 145

2. Շառլենը մատիտը չափում է իր դյույմ սալիկով։ Նա նշում է, թե որտեղ է ավարտվում յուրաքանչյուր դյույմը, որպեսզի իմանա, թե որտեղ պետք է տեղադրի սալիկը։ Շառլին ասում է, որ մատիտը 4 դյույմ է։

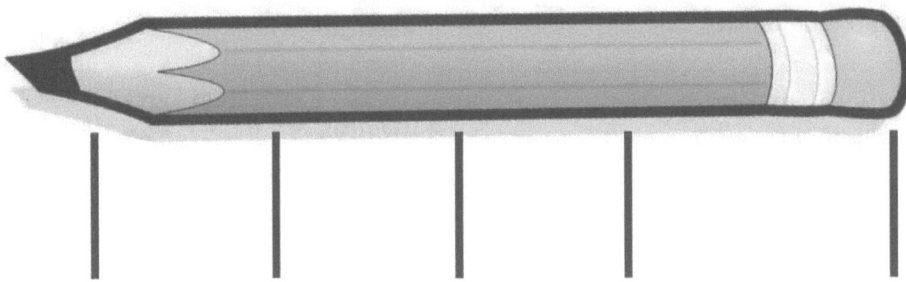

Ճի՞շտ է Չարլենի չափումը։ Բացատրեք ձեր պատասխանը։

Կարծես թե Չարլենը չի սկսել իր չափումը ճիշտ տեղից։ Առաջին հեշ նշանը մատիտի

վերջնակետի հետ նույն գծում չէ։ Թվում է, թե նա ուշադիր չի եղել իր չափագրման մեջ, քանի

որ վերջին հեշի նշանը նախորդից ավելի հեռու է թվում, քան մեկ դյույմը։ Նա ճիշտ չէ։

3. Մատիտը չափելու համար օգտագործեք ձեր մեկ դյույմանոց սալիկը։ Մատիտը քանի՞ դյույմ սալիկ է։ Բացատրեք՝ ինչպես իմացաք։

Ես շատ ուշադիր էի, որ սկսեմ մատիտի ծայրից։ Մատիտի վերջնամասում ես դրեցի հեշի նշան։

Ես օգտագործեցի նշանը և առաջ շարժվելու ռազմավարությունը և ուշադիր եղա, որ որևէ

բացատ չթողնեմ սալիկի և հեշի նշանների միջև։ Մատիտը մոտ 5 դյույմ է։

Անուն ____________________ Ամսաթիվ ____________

1. Չափեք ձեր տան մեջ այս առարկաները դյույմանոց սալիկի միջոցով: Գրանցեք չափումները տրված աղյուսակում:

Առարկա	Չափում
պատառաքաղի երկարությունը	
Հյութի բաժակի բարձրությունը	
Ափսեի կենտրոնի երկայնքով երկարությունը	
Սառնարանի երկարությունը	
Խոհանոցի դարակի երկարությունը	
Պահածոյի տուփի բարձրությունը	
Նկարի շրջանակի երկարությունը	
Հեռակառավարման վահանակի երկարությունը	

Դաս 14. Կապակցե՛ք չափումը ֆիզիկական միավորների հետ՝ չափելու համար օգտագործելով դյույմանոց սալիկի կրկնություն:

2. Նորբերտոն սկսում է չափել իր գրիչը իր դյույմանոց սալիկով։ Նա նշում է, թե որտեղ է ավարտվում յուրաքանչյուր սալիկ։ Երկու րոպե հետո նա որոշում է, որ այս գործընթացը շատ երկար է տևում և սկսում է կռահել, թե որտեղ կավարտվի սալիկը, այնուհետև նշում է այն։

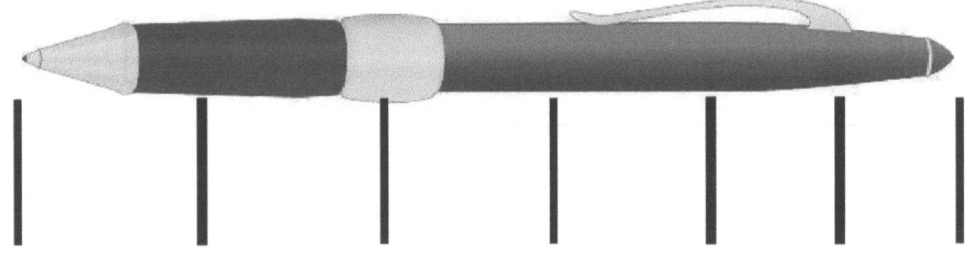

Բացատրեք, թե ինչու Նորբերտոյի պատասխանը ճիշտ չի լինի։

_____

_____

_____

3. Գրիչը չափելու համար օգտագործեք ձեր դյույմանոց սալիկը։ Քանի՞ դյույմ սալիկ է գրիչը։

ՄԻԱՎՈՐՆԵՐԻ ՊԱՏՄՈՒԹՅՈՒՆ   Դաս 15 Տնային աշխատանքների օգնական   2•7

1. Չափեք առարկայի երկարությունը ձեր քանոնով, ապա օգտագործեք ձեր քանոնը` տրված տարածության մեջ առարկայի երկարությանը հավասար գիծ գծելու համար:

   a. Ատամի խոզանակը ____6____ դյույմ է:

   > Երբ ես չափում եմ ատամի խոզանակս, ատամի խոզանակի ծայրը դնում եմ իմ քանոնի 0-ի վրա: Բռնակի ծայրը 0-ի նույն տիրույթում է:

   b. Նկարեք մի գիծ, որը նույն երկարությամբ է, ինչ ատամի խոզանակը:

   _____

   > Երբ գիծը գծում եմ, սկսում եմ 0-ից և կանգ առնում 6 երկարության միավորներից հետո: Իմ գիծը 6 դյույմ է:

2. Չափեք մեկ այլ կենցաղային իր:

   a. *Օճառը 4 դյույմ է:*

   b. *Նկարեք մի գիծ, որը նույն երկարությունն ունի, ինչ օճառը:*

   _____

3.
   a. Ո՞ր առարկան էր ավելի երկար: *ատամի խոզանակ*

   > Կարող եմ ասել, որ ատամի խոզանակն ավելի երկար է` ընդամենը նայելով իմ նկարած առարկաներին կամ գծերին: Բայց իմանալ, թե որքան երկար է դա, կարող եմ հանել: 6 - 4 = 2, այնպես որ օճառը 2 դյույմ ավելի կարճ է:

   b. Ո՞ր առարկան էր ավելի կարճ: *օճառ*

   c. Ավելի երկար և կարճ առարկայի տարբերությունը ____2____ դյույմ է:

Դաս 15.   Կիրառեք հասկացություններ` դյույմանոց քանոններ ստեղծելու համար; չափեք երկարություններն` օգտագործելով դյույմանոց քանոններ: 149

4. Չափեք և նշեք պատկերի յուրաքանչյուր կողմի երկարությունը ձեր քանոնով դյույմերով։

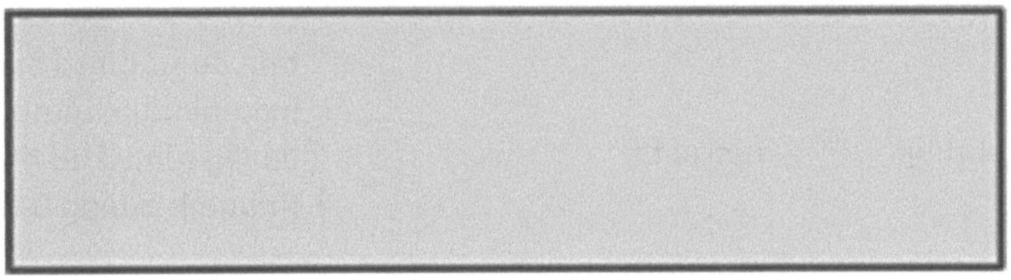

a. Ուղղանկյան ամենաերկար կողմը __4__ դյույմ է։

b. Ուղղանկյան ամենակարճ կողմը __1__ դյույմ է։

Տարբերությունը գտնելու համար ես պարզապես հանում եմ՝ 4 — 1 = 3

c. Ուղղանկյան ամենաերկար կողմը __3__ դյույմ երկար է ուղղանկյան ամենակարճ կողմից։

Իմ քանոնով առարկաների չափումը շատ ավելի արագ է, քան դյույմ սալիկ օգտագործելը։ Ասես բոլոր սալիկները միացված են։

Անուն ______________________________ Ամսաթիվ ______________

Յուրաքանչյուր կենցաղային իրի երկարությունը չափեք ձեր քանոնով, ապա օգտագործեք քանոնը՝ տրված տարածության մեջ առարկայի երկարությանը հավասար գիծ գծելու համար:

1. a. Պատառաքաղը _____ դյույմ է:
   b. Գիծ գծեք, որը նույն երկարությունը կունենա, ինչ պատառաքաղը:

2. a. Գդալը _____ դյույմ է:
   b. Գիծ գծեք, որը նույն երկարությունը կունենա, ինչ գդալը:

Չափեք ևս երկու կենցաղային իր:

3. a. ______________________________ դյույմ է:
   b. Գիծ գծեք, որը նույն երկարությունը կունենա, ինչ ______________.

4. a. ______________________________ դյույմ է:
   b. Գիծ գծեք, որը նույն երկարությունը կունենա, ինչ ______________.

5. a. Ո՞րն էր ձեր չափած ամենաերկար առարկան: ______________________
   b. Ո՞րն էր ձեր չափած ամենակարճ առարկան: ______________________
   c. Ամենաերկար և ամենակարճ առարկաների տարբերությունը _____ դյույմ է:

EUREKA MATH Դաս 15. Կիրառեք հասկացություններ՝ դյույմանոց քանոններ ստեղծելու համար; չափեք երկարություններն՝ օգտագործելով դյույմանոց քանոններ: 151

Copyright © Great Minds PBC

ՄԻԱՎՈՐՆԵՐԻ ՊԱՏՄՈՒԹՅՈՒՆ Դաս 15 Տնային աշխատանք 2•7

6. Ձեր քանոնով չափեք և նշեք յուրաքանչյուր պատկերի յուրաքանչյուր կողմի երկարությունը դյույմերով:

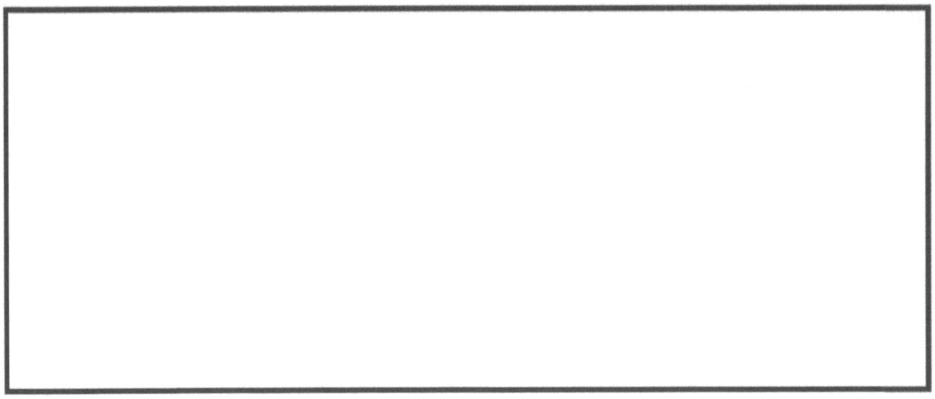

a. Ուղղանկյան ավելի երկար կողմը _____ դյույմ է:

b. Ուղղանկյան ավելի կարճ կողմը _____ դյույմ է:

c. Ուղղանկյան ավելի երկար կողմը _____ դյույմով երկար է ուղղանկյան կարճ կողմից:

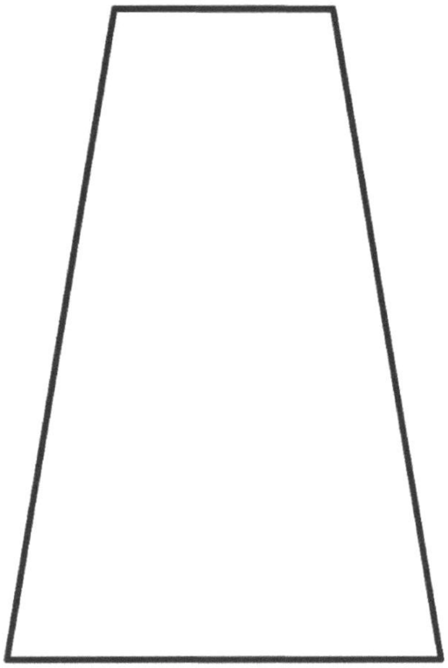

d. Սեղանի ամենակարճ կողմը _____ դյույմ է:

e. Սեղանի ամենաերկար կողմը _____ դյույմ է:

f. Սեղանի ամենաերկար կողմը _____ դյույմով երկար ամենակարճ կողմից:

g. Վեցանկյան յուրաքանչյուր կողմը _____ դյույմ է:

h. Վեցանկյան ամբողջ երկարությունը _____ դյույմ է:

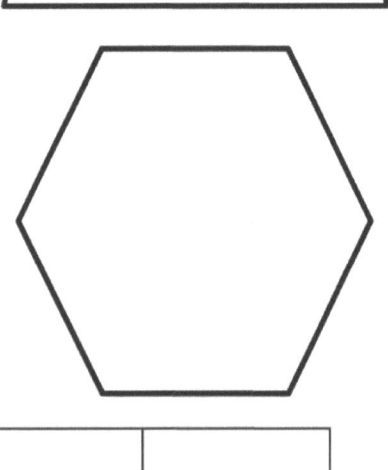

1. Շրջանակի մեջ առեք միավորը, որով ավելի հեշտ կլինի չափել յուրաքանչյուր առարկան:

Պատուհանի երկարությունը	դյույմ/ֆուտ/յարդ
Գրասենյակային շենքի բարձրությունը	դյույմ/ֆուտ/յարդ
Կոշիկի երկարությունը	դյույմ/ֆուտ/յարդ

Ես պետք է մտածեմ, թե որքան երկար է յուրաքանչյուր առարկա: Եթե դա շատ, շատ երկար է, ապա ես գիտեմ, որ պետք է յարդ օգտագործեմ չափելու համար, քանի որ այն ավելի արդյունավետ է: Շատ երկար ժամանակ կպահանջվեր գրասենյակային շենքը դյույմներով չափելու համար, իսկ դա նշանակում է, որ դուք կարող եք շատ ավելի սխալվել:

Ես կարող եմ մտովի պատկերացնել յարդանոց ձող: Գիտեմ, որ ինքնաթիռը երկար է: Կարծում եմ, որ կիթառը յարդի փայտիկի երկարության է, քանի որ ես կարող եմ այն գրկել իմ գրկում այնպես, ինչպես կարող եմ բռնել յարդանոց ձողը:

2. Շրջանակի մեջ առեք առավել ողջամիտ գնահատականը:

a. Ինքնաթիռի երկարությունը ավելի/պակաս / նույնն է, ինչ յարդանոց ձողի երկարությունը:

b. Կիթառի երկարությունը ավելի/պակաս/նույնն է, ինչ յարդանոց ձողի երկարությունը:

c. Սուրճի գորգի բարձրությունը ավելին/ պակաս/նույնն է, ինչ 12 դյույմ քանոնի երկարությունը:

Դաս 16. Չափեք տարբեր առարկաներ՝ օգտագործելով դյույմանոց քանոններ և յարդանոց ձողեր:

3. Ասեք 3 առարկա, որոնք դուք գտնում եք դրսում: Որոշեք, թե որ միավորը կօգտագործեք այդ առարկան չափելու համար: Գրանցեք այն աղյուսակում՝ ամբողջական պնդմամբ:

Առարկա	Միավոր
կաղնու ծառ	Կաղնու ծառի բարձրությունը **չափելու** համար ես կօգտագործեի **յարդ**:
ծաղիկ	***Ես ծաղիկների բարձրությունը չափելու համար կօգտագործեի դյույմ:***
այգու նստարան	***Ես կօգտագործեի ֆուտ՝ այգու նստարանի բարձրությունը չափելու համար:***

Փորձեցի ընտրել տարբեր միավորներով չափվող առարկաներ: Ծառը մեծ է, այնպես որ կչափվի յարդերով: Այգու նստարանը նույնպես կարող էր չափվել յարդերով, բայց եթե այն չափում եմ ֆուտերով, կարող եմ ավելի ճշգրիտ չափել:

ՄԻԱՎՈՐՆԵՐԻ ՊԱՏՄՈՒԹՅՈՒՆ   Դաս 16 Տնային աշխատանք 2•7

Անուն _____ Ամսաթիվ _____

1. Շրջանակի մեջ առեք միավորը, որով ավելի հեշտ կլինի չափել յուրաքանչյուր առարկան:

Դռան բարձրություն	դյույմ / ֆուտ / յարդ
Դասագիրք	դյույմ / ֆուտ / յարդ
Մատիտ	դյույմ / ֆուտ / յարդ
Մեքենայի երկարությունը	դյույմ / ֆուտ / յարդ
Ձեր փողոցի երկարությունը	դյույմ / ֆուտ / յարդ
Վրձին	դյույմ / ֆուտ / յարդ

2. Շրջանակի մեջ առեք առավել ողջամիտ գնահատականը:
   a. Դրոշի բարձրությունը ավելի/պակաս / նույնն է, ինչ յարդանոց ձողի երկարությունը:

   b. Դռան լայնությունը ավելի/պակաս / նույնն է, ինչ յարդանոց ձողի երկարությունը:

   c. Նոութբուք համակարգչի երկարությունը ավելի/պակաս / նույնն է, ինչ 12 դյույմանոց քանոնը:

   d. Բջջային հեռախոսի երկարությունը ավելի/պակաս / նույնն է, ինչ 12 դյույմանոց քանոնը:

Դաս 16 . Չափեք տարբեր առարկաներ՝ օգտագործելով դյույմանոց քանոններ և յարդանոց ձողեր:

Copyright © Great Minds PBC

155

3. Դասարանում գտնվող 3 առարկայի անունն նշեք: Որոշեք, թե որ միավորը կօգտագործեք այդ առարկան չափելու համար: Գրանցեք այն աղյուսակում՝ ամբողջական պնդմամբ:

Առարկա	Միավոր
a.	Ես կօգտագործեի ___________ չափելու ___________ երկարությունը:
b.	
c.	

4. Գտե՛ք 3 առարկա ձեր տանը: Որոշեք, թե որ միավորը կօգտագործեք այդ առարկան չափելու համար: Գրանցեք այն աղյուսակում՝ ամբողջական պնդմամբ:

Առարկա	Միավոր
a.	Ես կօգտագործեի ___________ չափելու ___________ երկարությունը
b.	
c.	

156 Դաս 16 . Չափեք տարբեր առարկաներ՝ օգտագործելով դյույմանոց քանոններ և յարդանոց ձողեր: EUREKA MATH

Գնահատեք յուրաքանչյուր կետի երկարությունն՝ օգտագործելով մտավոր ուղենիշ: Այնուհետև չափեք իրն՝ օգտագործելով ֆուտ, դյույմ կամ յարդ:

Առարկա	Մտավոր հենանիշ	Գնահատում	Իրական երկարություն
Մեքենայի երկարությունը	Յարդի ձող կամ դռան լայնությունը	6 յարդ	5 յարդ
Խոհանոցի լվացարանի երկարությունը	Թղթի կտոր	2 ֆուտ	գրեթե 3 ֆուտ
Գրիչի կափարիչի երկարությունը	25 ցենտանոց մետաղադրամ	1 դյույմ	մոտ մեկ դյույմ

Ես ընտրում եմ յարդի ձողը որպես իմ մտավոր հենանիշ՝ մեքենայի երկարությունը գնահատելու համար, քանի որ մեքենան շատ երկար է:

Ես օգտագործում եմ թուղթը լվացարանի երկարությունը գնահատելու համար, քանի որ թղթի մի կտորի իմ մտավոր հենանիշն է 1 ֆուտ:

Ես այնքան մոտ եմ գրիչի կափարիչի երկարության իմ գնահատականին: Դա հեշտ է պատկերացնել 25 ցենտանոց մետաղադրամի կողքին, ուստի ես գնահատում եմ 1 դյույմ: Գրիչի կափարիչն մի փոքր 1 դյույմից երկար է, ուստի այն մոտ 1 դյույմ է:

Դաս 17. Մշակեք գնահատման ռազմավարություններ՝ կիրառելով երկարության նախնական գիտելիքները և օգտագործելով մտավոր հենանիշներ:

157

ՄԻԱՎՈՐՆԵՐԻ ՊԱՏՄՈՒԹՅՈՒՆ   Դաս 17 Տնային աշխատանք 2•7

Անուն _____ Ամսաթիվ _____

Գնահատեք յուրաքանչյուր կետի երկարությունն՝ օգտագործելով մտավոր ուղենիշ։ Այնուհետև չափեք իրն՝ օգտագործելով ֆուտ, դյույմ կամ յարդ։

Առարկա	Մտավոր կողմնորոշիչ	Գնահատում	Իրական երկարություն
a. Մահճակալի երկարությունը			
b. Մահճակալի լայնությունը			
c. Սեղանի բարձրությունը			
d. Սեղանի երկարությունը			
e. Գրքի երկարությունը			

Դաս 17. Մշակեք գնահատման ռազմավարություններ՝ կիրառելով երկարության նախնական գիտելիքները և օգտագործելով մտավոր հենանիշներ։

159

Copyright © Great Minds PBC

Առարկա	Մտավոր կողմնորոշիչ	Գնահատում	Իրական երկարություն
f. Ձեր մատիտի երկարությունը			
g. Սառնարանի երկարությունը			
h. Սառնարանի բարձրությունը			
i. Բազմոցի երկարությունը			

1. Չափեք ուղիղները դյույմներով և սանտիմետրերով: Կլորացրեք չափումները ամենամոտ դյույմին կամ սանտիմետրին:

__5__ սանտիմետր __2__ դյույմ

Սանտիմետրերը փոքր են, ուստի դրանցից շատ է պահանջվում գծի երկարությունը ծածկելու համար:

2.

a. Գծեք մի ուղիղ, որի երկարությունը 3 սանտիմետր է:

b. Նկարեք մի ուղիղ, որի երկարությունը 3 դյույմ է:

Մեկ դյույմը մեկ սանտիմետրից ավելի երկար է, ուստի, իհարկե, իմ ուղիղը, որը 3 դյույմ է, ավելի երկար է, քան իմ ուղիղը, որը 3 սանտիմետր է:

3. Սեմը գծեց մի ուղիղ, որը 11 սանտիմետր երկարություն ունի: Սյուզանը գծեց մի ուղիղ, որը 8 դյույմ երկարություն ունի: Սյուզանը կարծում է, որ իր ուղիղը Սեմի ուղիղից կարճ է, քանի որ 8-ը 11-ից փոքր է: Բացատրեք, թե ինչու է Սյուզանի պատճառաբանությունը ոչ ճիշտ:

Սյուզանի պատճառաբանությունը սխալ է, քանի որ դյույմը սանտիմետրից երկար է: Դուք պետք է նայեք միավորին՝ պարզելու, թե որ ուղիղն է ավելի երկար: Դյույմը ավելի մեծ երկարության միավորն է, այնպես որ Սյուզանի ուղիղն ավելի երկար է, չնայած 8-ը ավելի փոքր թիվ է:

Դաս 18. Չափեք առարկան երկու անգամ՝ օգտագործելով տարբեր չափման միավորներ և համեմատեք, համեմատեք չափումը միավորի չափի հետ:

ՄԻԱՎՈՐՆԵՐԻ ՊԱՏՄՈՒԹՅՈՒՆ   Դաս 18 Տնային աշխատանք   2•7

Անուն _____   Ամսաթիվ _____

Չափեք ուղիղները դյույմներով և սանտիմետրերով։ Կլորացրեք չափումները ամենամոտ դյույմին կամ սանտիմետրին։

1. _____

    _____ սմ   _____ դյույմ

2. _____

    _____ սմ   _____ դյույմ

3. _____

    _____ սմ   _____ դյույմ

4. _____

    _____ սմ   _____ դյույմ

Դաս 18.   Չափեք առարկան երկու անգամ օգտագործելով տարբեր չափման միավորներ և համեմատեք, համեմատեք չափումը միավորի չափի հետ։

5. a. Գծեք մի ուղիղ, որի երկարությունը 5 սանտիմետր է:

   b. Գծեք մի ուղիղ, որի երկարությունը 5 դյույմ է:

6. a. Գծեք մի ուղիղ, որի երկարությունը 7 դյույմ է:

   b. Գծեք մի ուղիղ, որի երկարությունը 7 սանտիմետր է:

7. Տեկեշան գծեց 9 սանտիմետր երկարությամբ ուղիղ։ Դամանին գծեց 4 դյույմ երկարությամբ ուղիղ։ Տեկեշան ասում է, որ նրա ուղիղը Դամանիի ուղիղից երկար է, քանի որ 9-ը 4-ից մեծ է։ Բացատրեք, թե ինչու կարող է Տեկեշան սխալ լինել:

   _____

   _____

   _____

8. Գծեք մի ուղիղ, որը 9 սանտիմետր երկարությամբ և 4 դյույմ երկարությամբ է և ապացուցեք, որ Տեկեշան սխալ է:

ՄԻԿՎՈՐՆԵՐԻ ՊԱՏՐՈՒԹՅՈՒՆ   Դաս 19 Տնային աշխատանքների օգնական   2•7

1. Չափեք ուղիղների յուրաքանչյուր շարքը դյույմներով և երկարությունը գրեք ուղիղի վրա: Լրացրեք համեմատության արտահայտությունը:

   A ուղիղ _____ **2 դյույմ** _____

   B ուղիղ _____ **6 դյույմ** _____

   A ուղիղը չափվեց մոտ __**2**__ դյույմ: B ուղիղը չափվեց մոտ __**6**__ դյույմ:

   B ուղիղը մոտ __**4**__ դյույմ ավելի է, քան A ուղիղը:

   > Երկարության տարբերությունը համեմատելու համար ես կարող եմ հանել 6 - 2 = 4, կամ կարող եմ ասել 2 + 4 = 6: Ամեն դեպքում, ես գիտեմ, որ տարբերությունը 4 դյույմ է:

2. Լուծեք: Ստուգեք ձեր պատասխանները՝ կապելով գումարման կամ հանման արտահայտության հետ:

a. 9 դյույմ - 7 դյույմ = __**2**__ դյույմ

   __**2**__ դյույմ + 7 դյույմ = 9 դյույմ

   > Ես մտածում եմ թվային զույգի մասին: Քանի որ ես գիտեմ ընդհանուրը և մի մասը, ես կարող եմ դուրս բերել մյուս մասը: Ես կարող եմ մտածել գումարման կամ հանման մասին:

b. 9 սանտիմետր + __7__ սանտիմետր = 16 սանտիմետր

   16 սանտիմետր - 7 սանտիմետր = 9 սանտիմետր

Անուն _____ Ամսաթիվ _____

Չափեք ուղիղների յուրաքանչյուր շարքը դյույմներով և երկարությունը գրեք ուղիղի վրա։ Լրացրեք համեմատության արտահայտությունը։

1. A ուղիղ _____

   B ուղիղ _____

   A ուղիղը չափվում է մոտավորապես ____ դյույմ։ B ուղիղը չափվում է մոտավորապես ____ դյույմ։

   A ուղիղը մոտավորապես ____ դյույմով երկար է B ուղիղից։

2. C ուղիղ _____

   D ուղիղ _____

   C ուղիղը մոտավորապես ____ դյույմ է։ D ուղիղը մոտավորապես ____ դյույմ է։

   C ուղիղը մոտավորապես ____ դյույմով կարճ է D ուղիղից։

3. Լուծեք։ Ստուգեք ձեր պատասխանները՝ կապելով գումարման կամ հանման արտահայտության հետ։

   a. 8 դյույմ - 5 դյույմ = ____ դյույմ

      ____ դյույմ + 5 դյույմ = 8 դյույմ

Դաս 19. Չափեք՝ համեմատելու համար երկարությունների տարբերությունները՝ օգտագործելով դյույմ, ֆուտ և յարդ։

b. 8 սանտիմետր + _____ սանտիմետր = 19 սանտիմետր

c. 17 սանտիմետր - 8 սանտիմետր = _____ սանտիմետր

d. _____ սանտիմետր + 6 սանտիմետր = 18 սանտիմետր

e. 2 դյույմ + _____ դյույմ = 7 դյույմ

f. 12 դյույմ - _____ = 8 դյույմ

Լուծեք՝ օգտագործելով ժապավենային գրաֆիկը: Օգտագործեք անհայտի նշանը:

1. Անժելան հյուսել է շարֆի 18 դյույմ: Նա ցանկանում է, որ իր շարֆը լինի 1 յարդ երկարությամբ: Եվս քանի՞ դյույմ պետք է Անժելան հյուսի:

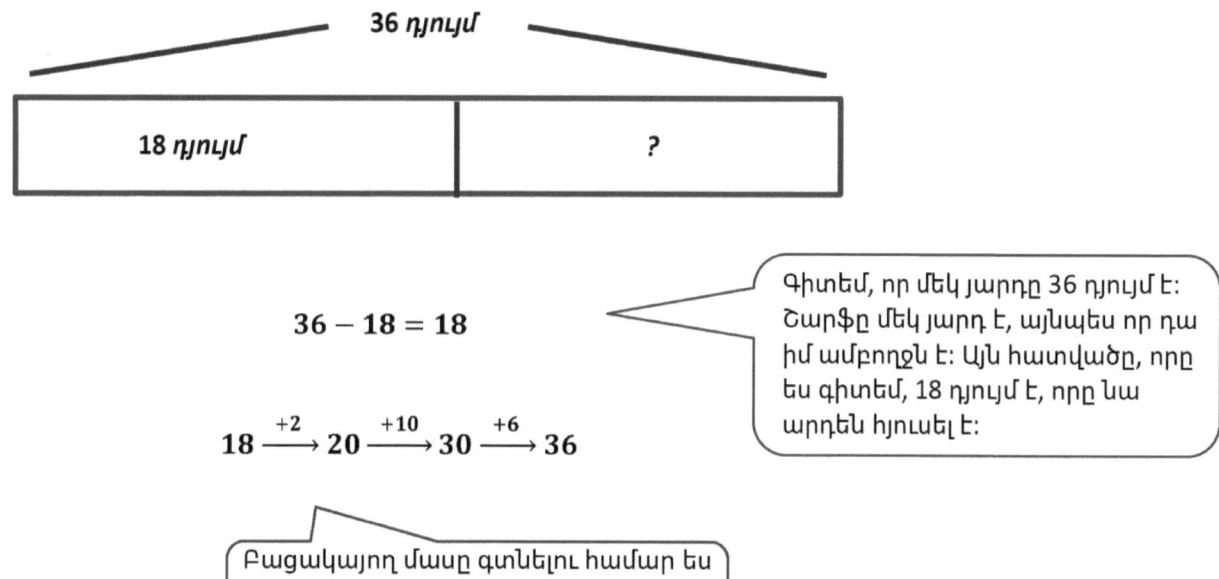

Գիտեմ, որ մեկ յարդը 36 դյույմ է: Շարֆը մեկ յարդ է, այնպես որ դա իմ ամբողջն է: Այն հատվածը, որը ես գիտեմ, 18 դյույմ է, որը նա արդեն հյուսել է:

$$36 - 18 = 18$$

$$18 \xrightarrow{+2} 20 \xrightarrow{+10} 30 \xrightarrow{+6} 36$$

Բացակայող մասը գտնելու համար ես օգտագործում եմ սլաքի եղանակը: Ես գումարում եմ 2 + 10 + 6 = 18:

Շարֆն ավարտելու համար Անջելան պետք է ևս 18 դյույմ հյուսի:

2. Եռանկյան բոլոր երեք կողմերի ընդհանուր երկարությունը 100 ֆուտ է: Եռանկյան երկու կողմերը նույն երկարության են: Հավասար կողմերից մեկը չափում է 40 ֆուտ: Ինչքա՞ն է այն կողմի երկարությունը, որը հավասար չէ:

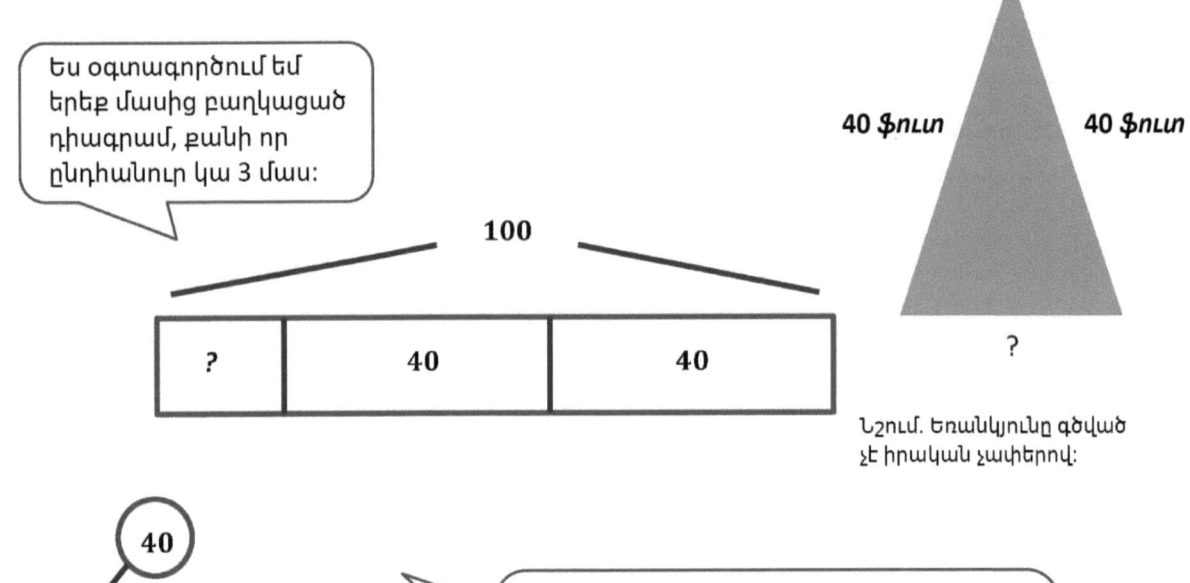

Ես օգտագործում եմ երեք մասից բաղկացած դիագրամ, քանի որ ընդհանուր կա 3 մաս:

Նշում. Եռանկյունը գծված չէ իրական չափերով:

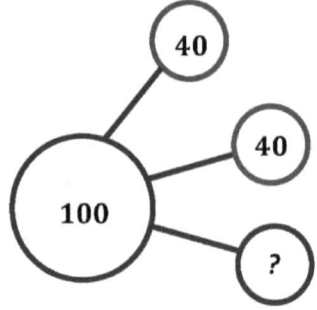

Խնդիրն ինձ ասում է, որ բոլոր կողմերը միասին հավասար են 100 ֆուտի, այնպես որ ես գիտեմ, որ 40 + 40 + ? = 100: Դա այն է, ինչ ես ցույց եմ տալիս իմ դիագրամում և իմ թվային կապում:

$40 + 40 + ? = 100$

Երրորդ կողմի երկարությունը 20 ֆուտ է:

40 + 40 = 80: Մտածում եմ, թե 80-ին ինչ թիվ գումարեմ, որ ստացվի 100: 20: Բացակայող մասը 20-ն է:

Անուն ______________________ Ամսաթիվ ____________

Լուծեք՝ օգտագործելով ժապավենային գրաֆիկը: Օգտագործեք անհայտի նշանը:

1. Լուանն ունի մի կտոր ժապավեն, որը 1 յարդ երկարությամբ է: Նա կտրում է 33 դյույմ՝ նվերների տուփը կապելու համար: Քանի՞ դյույմ ժապավեն չի օգտագործվում:

2. 100-յարդ մրցավազքում Եղիան վազում է 68 յարդ: Քանի՞ յարդ նա դեռ պետք է վազի:

3. Քրիսն ունի 57 դյույմ ժապավենի կտոր և ևս մեկ կտոր, որը 15 դյույմով երկար է առաջինից: Ո՞րն է երկու ժապավենների ընդհանուր երկարությունը:

4. Ուրբաթ օրը Ջանինը հյուսել է շարֆի 12 դյույմ, իսկ շաբաթ օրը՝ 36 դյույմ։ Նա ցանկանում է, որ շարֆը լինի 72 դյույմ։ Եվս քանի՞ դյույմ նա պետք է հյուսի։

5. Եռանկյան բոլոր երեք կողմերի ընդհանուր երկարությունը 120 ֆուտ է։ Եռանկյան երկու կողմերը նույն երկարության են։ Հավասար կողմերից մեկը չափում է 50 ֆուտ։ Ինչքա՞ն է այն կողմի երկարությունը, որը հավասար չէ։

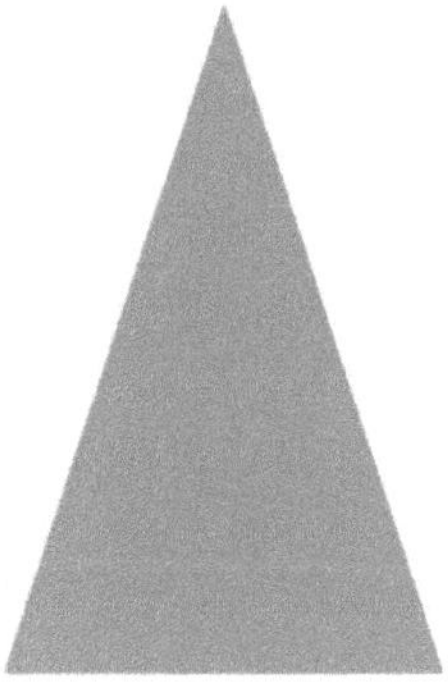

?

6. Քառակուսու մեկ կողմի երկարությունը 3 յարդ է։ Ինչքա՞ն է քառակուսու բոլոր չորս կողմերի ընդհանուր երկարությունը։

Գտեք տառով նշված կետի արժեքը մետրային ժապավենի յուրաքանչյուր մասում: Թվային ուղիղի վրա մեկ միավորը մեկ բաժանարար գծիկից մինչև մյուսն ընկած տարածությունն է: (Նշում. Թվային ուղիղները գծված չեն իրական չափերով)

1.

25 սմ
K
175 սմ

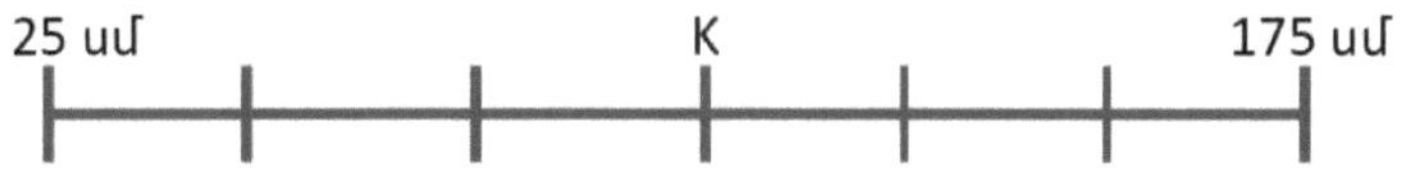

Յուրաքանչյուր միավոր ունի **25** սանտիմետր երկարություն:

K = **100 սմ**

> Յուրաքանչյուր միավորի արժեքը գտնելու համար ես նախ պետք է գտնեմ վերջնակետերի միջև տարբերությունը՝ 175 - 25 = 150: Հեռավորությունը 150 է: Քանի որ կա 6 հավասար միավոր, ես փորձում եմ հաշվել 10-երով, բայց դա շատ փոքր է: Թույլ տվեք փորձել հաշվել 25-երով: Ես դիպչում եմ յուրաքանչյուր հեշի նշանին, երբ հաշվում եմ՝ 25, 50, 75,100,125, 150,175: Աշխատում է: K-ն ուղիղ մեջտեղում է 100 սմ-ի վրա:

2. Յուրաքանչյուր հեշ նշան թվային ուղիղի վրա ներկայացնում է ևս 15:

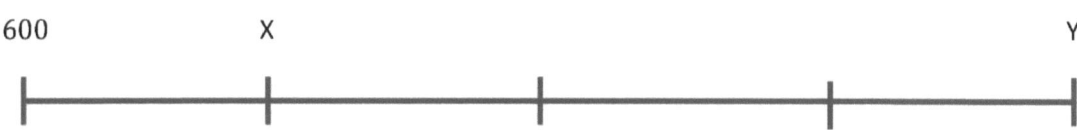

Որքա՞ն է տարբերությունը X- ի և Y- ի միջև: **45**

> X- ի և Y- ի միջև տարբերությունը կարող եմ գտնել 15-երով հաշվելով: 15,30,45: Ես նաև կարող եմ տեսնել, որ X- ի և Y- ի միջև կա 3 միավոր, և 15 + 15 + 15 = 45:

X = **615**

Y = **660**

> Ես սկսում եմ 600-ից և հաշվում եմ 15-երով՝ յուրաքանչյուր հեշ նշանի արժեքը գտնելու համար:

Դաս 20. Որոշեք անհայտ թվերը թվային ուղիղի դիագրամի վրա՝ հաշվի առնելով թվերի միջև հեռավորությունը և սկզբնական կետը:

| ՄԻԱՎՈՐՆԵՐԻ ՊԱՏՄՈՒԹՅՈՒՆ | Դաս 21 Տնային աշխատանք | 2•7 |

Անուն _____ Ամսաթիվ _____

Գտեք տառով նշված կետի արժեքը մետրային ժապավենի յուրաքանչյուր մասում:
Թվային ուղիղի վրա մեկ միավորը մեկ հեշ նշանից մինչև մյուսն ընկած տարածությունն է:

1.

Յուրաքանչյուր միավոր ունի _____ սանտիմետր երկարություն:

A = _____

Յուրաքանչյուր միավոր ունի _____ սանտիմետր երկարություն:

B = _____

2.

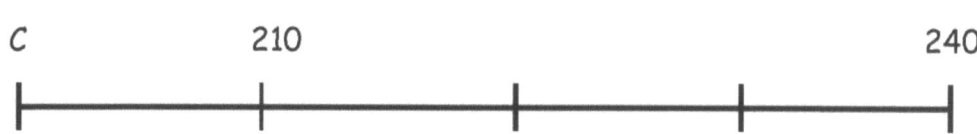

Յուրաքանչյուր միավոր ունի _____ սանտիմետր երկարություն:

C = _____

Դաս 21. Որոշեք անհայտ թվերը թվային ուղիղի դիագրամի վրա՝ հաշվի առնելով թվերի միջև հեռավորությունը և սկզբնական կետը:

3. Թվային ուղիղի վրա յուրաքանչյուր հեշ նշան 5-ով ավելին է:

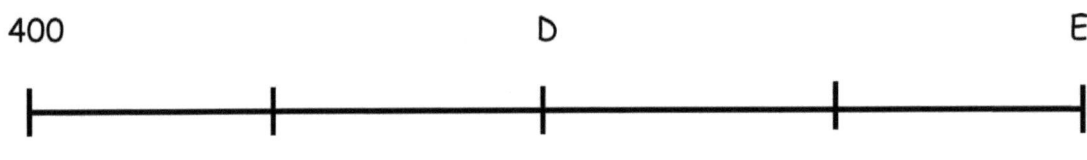

Ո՞րն է D-ի և E-ի միջև տարբերությունը: ____________.

D = ____________

E = ____________

4. Յուրաքանչյուր հեշ նշան թվային ուղիղի վրա 10-ով ավելին է:

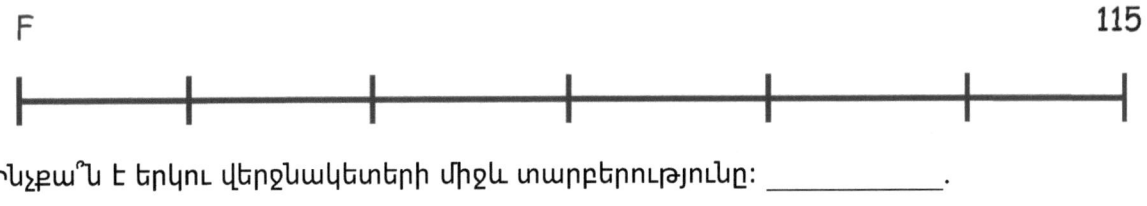

Ինչքա՞ն է երկու վերջնակետերի միջև տարբերությունը: ____________.

F = ____________

5. Յուրաքանչյուր հեշ նշան թվային ուղիղի վրա 10-ով ավելին է:

Ինչքա՞ն է երկու վերջնակետերի միջև տարբերությունը: ____________.

G = ____________

EUREKA MATH

1. Երկու թվային ուղիղների յուրաքանչյուր միավորի երկարությունը 20 ֆուտ է: (Նշում. Թվային ուղիղները գծված չեն իրական չափերով):

   a. Ցույց տվեք 60 ֆուտ ավելի, քան 80 ֆուտը թվային ուղիղի վրա:

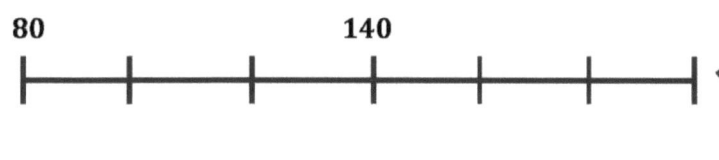

Թվային ուղիղի վրա կարող եմ ցույց տալ և 60 ֆուտ՝ ձախ 80-ի վերջնակետը նշելով և այնուհետև հաշվելով 20, 40, 60: Դա նույնն է, ինչ 80 + 60 գումարելը:

   b. Գրեք գումարման արտահայտություն՝ թվային ուղիղին համապատասխան:

$$80 + 60 = 140$$

   c. Թվային ուղիղի վրա ցույց տվեք 125 ֆուտից 80 ֆուտ պակասը:

Ես սկսում եմ աջ կողմի վերջնակետը նշելով: Հետո հետհաշվարկ եմ անում 20-երով 4 անգամ, քանի որ 80 ֆուտ պակաս է: Ամեն անգամ թվային ուղիղի վրա հեշի նշան եմ շոշափում:

   d. Գրեք հանման արտահայտություն `թվային ուղիղին համապատասխան:

$$125 - 80 = 45$$

Դաս 22. Ներկայացրեք երկնիշ թվերով գումարը և տարբերությունը՝ ներառելով երկարության հասկացությունը, օգտագործեք քանոնը որպես թվային ուղիղ: 177

2. Սանտյագոյի մետրանոց ժապավենը 49 սանտիմետրի վրա կտրվել է:
Իր ջնջիչի երկարությունը չափելու համար նա գրում է «54 սմ - 49 սմ»: Շիրլին ասում է, որ ավելի հեշտ է ջնջիչը տեղափոխել 1 սանտիմետր: Ո՞րն է լինելու Շիրլիի հանման արտահայտությունը: Բացատրեք, թե ինչու է նա ճիշտ:

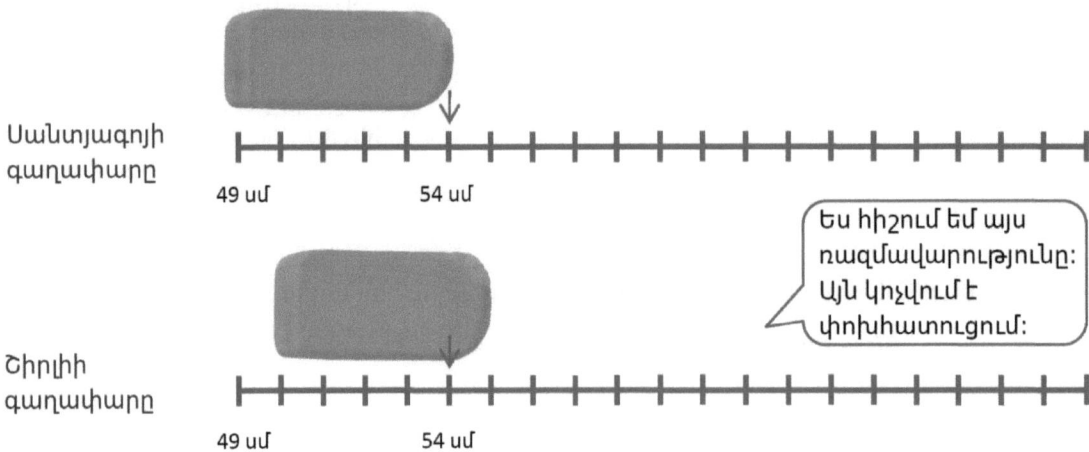

Շիրլիի հանման արտահայտությունը 55 - 50 = 5 է: Նա գիտի, որ կարող է ջնջիչը տեղափոխել թվային ուղիղի վրա, իսկ երկարությունը կմնա նույնը: ***Մեկ միավոր աջ տեղափոխելով՝ նա ավելի հեշտ է խնդիրը լուծում:*** 54 - 49-ը նույնպես հավասար է 5-ի, բայց ավելի հեշտ է կլոր թվից՝ 50-ից հանել, քանի որ պետք է միայն հանել տասնյակները:

EUREKA MATH

Անուն ______________________________ Ամսաթիվ ______________

1. Երկու թվային ուղիղների յուրաքանչյուր միավորի երկարությունը 10 սանտիմետր է: (Նշում. Թվային ուղիղները գծված չեն իրական չափերով):

   a. Թվային ուղիղի վրա ցույց տվեք 35 սանտիմետրից 20 սանտիմետրով ավելի:

b. Թվային ուղիղի վրա ցույց տվեք 65 սանտիմետրից 30 սանտիմետրով ավելի:

c. Գրեք գումարման արտահայտություն՝ յուրաքանչյուր թվային ուղիղին համապատասխան:

2. Երկու թվային ուղիղների յուրաքանչյուր միավորի երկարությունը 5 յարդ է:

   a. Հետևյալ թվային ուղիղի վրա ցույց տվեք 80 յարդից 35 յարդով պակասը:

b. Թվային ուղիղի վրա ցույց տվեք 100 յարդից 25 յարդով պակասը:

c. Գրեք հանման արտահայտություն՝ յուրաքանչյուր թվային ուղիղին համապատասխան:

3. Լաուրայի մետրանոց ժապավենը կտրվեց 37 սանտիմետրից։ Պտուտակահանի երկարությունը չափելու համար նա գրում է «50 սմ - 37 սմ»։ Թամն ասում է, որ ավելի հեշտ է պտուտակահանը տեղափոխել 3 սանտիմետր։ Ո՞րն է Թամի հանման արտահայտությունը։ Բացատրեք, թե ինչու է նա ճիշտ։

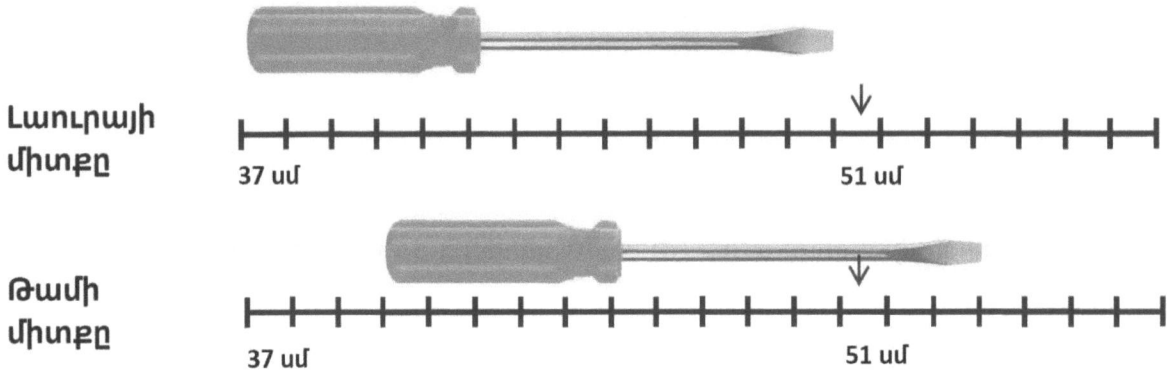

Լաուրայի միտքը
37 սմ   51 սմ

Թամի միտքը
37 սմ   51 սմ

4. Ալիսն իր գոտին չափեց 22 դյույմ երկարություն՝ օգտագործելով յարդանոց ձողը, բայց նա չի սկսել իր չափումը զրոյից։ Որո՞նք կարող են լինել նրա գոտու երկու վերջնակետերը յարդանոց ձողի վրա։ Գրեք հանման արտահայտություն՝ ձեր մտքին համապատասխան։

5. Եսայիան 200 մետր ուղու վրա վազեց 100 մետր։ Նա սկսեց վազել 19 մետր նշագծից։ Ի՞նչ նշանի վրա նա ավարտեց իր վազքը։

ՄԻԱՎՈՐՆԵՐԻ ՊԱՏՄՈՒԹՅՈՒՆ   Դաս 23 Տնային աշխատանքների օգնական   2•7

1. Չափեք ձեր կոշիկի երկարությունը և գրանցեք այստեղ երկարությունը: *Մոտ 7 դյույմ*
   Այնուհետև չափեք ձեր ընտանիքի անդամների կոշիկների երկարությունը և գրեք նշված երկարությունները ստորև:

   Անուն.   Կոշիկի երկարությունը.

   Մայրիկ   _10 դյույմ_

   Հայրիկ   _11 դյույմ_

   Եսայիա (եղբայր)   _մոտ 9 դյույմ_

   Կարեն (քույր)   _մոտ 7 դյույմ_

   _____   _____

   Ես շատ ուշադիր էի չափել բոլորի կոշիկները՝ սկսած 0-ից իմ քանոնի վրա:

   Քրոջս կոշիկը 7 դյույմից մի փոքր կարճ է, իսկ իմ կոշիկը 7 դյույմից մի փոքր երկար, ուստի մեր երկուսի կոշիկները մոտ 7 դյույմ են:

2. Գրանցեք տվյալները՝ գծիկներով նշումներ կատարելով տրված աղյուսակում:

Կոշիկի երկարությունը	Մարդկանց քանակի գծիկով նշումներ
9 դյույմից պակաս	||
Մոտ 9 դյույմ	|
9 դյույմից ավելի երկար	||

   a. Եվս քանի՞ հոգի ունի 9 դյույմից կարճ, ոչ թե 9 դյույմին հավասար կոշիկ:
      1 հոգի

   b. Ո՞րն է կոշիկի ամենաքիչ տարածված երկարությունը՝
      Մոտ 9 դյույմ

   c. Հարցրեք և պատասխանեք մեկ համեմատության հարցի, որին կարելի է պատասխանել վերը նշված տվյալների միջոցով:

Հարց. **Քանիսո՞վ ավելի քիչ մարդ ունի կոշիկ, որը մոտ 9 դյույմ է, ոչ թե ավելի քան 9 դյույմ:**

Պատասխան՝ **1 հոգի** _____

Դաս 23.   Հավաքեք և գրանցեք չափման տվյալները աղյուսակի մեջ, պատասխանեք հարցերին և ամփոփեք տվյալների շարքը:

Copyright © Great Minds PBC

Անուն ______________________________ Ամսաթիվ ________________

Չափեք ձեր ձեռքի թիզը և գրանցեք այստեղ երկարությունը.

Այնուհետև չափեք ձեր ընտանիքի անդամների թիզերը և գրեք դրա երկարությունները ստորև:

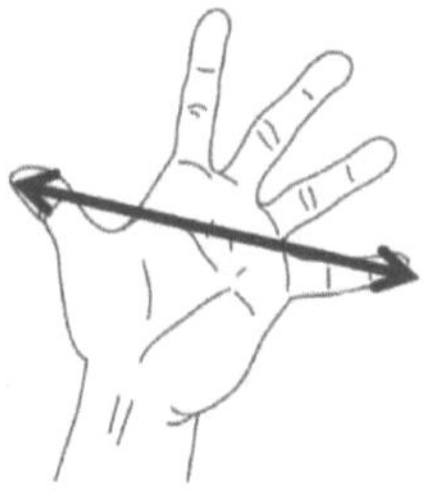

Անուն.	**Թիզ (ճկույթից մինչև բթամատն ընկած հատվածը).**
______________________	____________
______________________	____________
______________________	____________
______________________	____________
______________________	____________

1. Գրանցեք տվյալները՝ գծիկներով նշումներ կատարելով տրված աղյուսակում:

Թիզ	Մարդկանց քանակի գծիկով նշումներ
3 դյույմ	
4 դյույմ	
5 դյույմ	
6 դյույմ	
7 դյույմ	
8 դյույմ	

a. Ո՞րն է ամենատարածված ձեռքի թիզի երկարությունը: _____

b. Ո՞րն է ամենաքիչ տարածված ձեռքի թիզի երկարությունը: _____

c. Հարցրեք և պատասխանեք մեկ համեմատության հարցի, որին կարելի է պատասխանել վերը նշված տվյալների միջոցով:

Հարց:

____

____

Պատասխան.

____

____

Դաս 23. Հավաքեք և գրանցեք չափման տվյալները աղյուսակի մեջ, պատասխանեք հարցերին և ամփոփեք տվյալների շարքը: 183

2. a Օգտագործեք ձեր քանոնը՝ դյույմերով ներքևի տողերը չափելու համար: Գրանցեք տվյալները՝ գծիկներով նշումներ կատարելով տրված աղյուսակում:

A ուղիղ ____________________

B ուղիղ ____________________

C ուղիղ ____________________

D ուղիղ ____________________

E ուղիղ ____________________

F ուղիղ ____________________

G ուղիղ ____________________

Ուղիղի երկարությունը	Ուղիղների թիվը
4 դյույմից կարճ	
4 դյույմից երկար	
Հավասար է 4 դյույմ	

b. Եվս քանի՞ ուղիղ է 4 դյույմից կարճ, ոչ թե հավասար 4 դյույմի:

____

c. Ի՞նչ տարբերություն կա այն ուղիղների քանակների միջև, որոնք 4 դյույմից կարճ են և 4 դյույմից երկար: ____________________

d. Հարցրեք և պատասխանեք մեկ համեմատության հարցի, որին կարելի է պատասխանել վերը նշված տվյալների միջոցով:

Հարց՝ ____________________

____

Պատասխան՝ ____________________

____

ՄԻԱՎՈՐՆԵՐԻ ՊԱՏՄՈՒԹՅՈՒՆ   Դաս 24 Տնային աշխատանքների օգնական   2•7

Օգտագործեք աղյուսակում գտնվող տվյալները՝ գծային դիագրամ ստեղծելու և հարցերին պատասխանելու համար:

> Նախ, ես նայում եմ տվյալներին և հաշվում, թե յուրաքանչյուր երկարության համար քանի մատիտ կա:

Մատիտի երկարություն (դյույմ)	Մատիտների քանակը
2			
3		
4						
5								
6							
7	
8		

> Այնուհետև ես թվային ուղիղ եմ կազմում: Ես ընդգրկում եմ ամենակարճ և ամենաերկար երկարությունների միջև ընկած բոլոր թվերը, չնայած որ ոչ մի մատիտ չի չափվել 7 դյույմ: Իմ բոլոր հեռավորությունները պետք է հավասար լինեն:

> Այնուհետև ես յուրաքանչյուր մատիտի համար դնում եմ մեկ X: 3 դյույմ երկարությամբ կա 1 մատիտ, ուստի ես դրեցի ընդամենը 1 X 3-ի վերևում:

Մատիտների երկարությունը պարոն Մյուրեի դասարանում

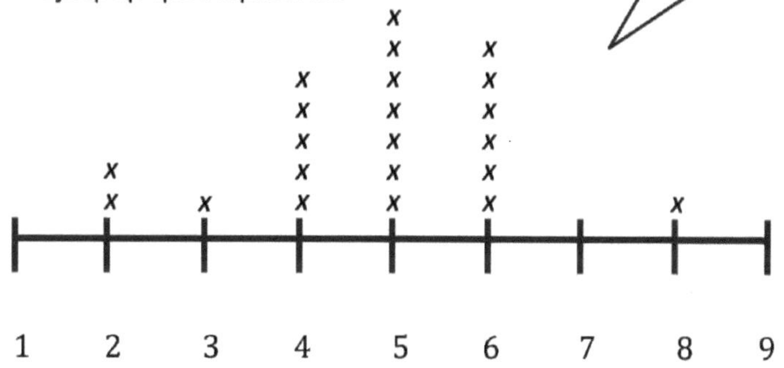

```
                    x
                    x  x
              x     x  x
              x     x  x
              x     x  x
         x    x     x  x
    x    x x  x     x  x      x
    ├────┼──┼──┼────┼──┼──┼──┼──┤
    1    2  3  4    5  6  7  8  9
```

Մատիտի երկարություն (դյույմ)

Նկարագրեք գծային դիագրամի պատկերը:

Մատիտի ամենատարածված երկարությունը 5 դյույմ է, բայց տարածված են նաև 4 դյույմ և 6 դյույմ:

X-երի մեծ մասը գտնվում է գծային դիագրամի մեջտեղում:

Ստեղծեք ձեր սեփական համեմատության հարցը՝ կապված տվյալների հետ:

Քանի՞ մատիտ ունի 4 դյույմ երկարություն, ոչ թե 5 դյույմ երկարություն:

Դաս 24.   Չափման տվյալները ներկայացնելու համար գծեք գծային գրաֆիկ, համեմատեք չափման սանդղակը թվային ուղղի հետ:

Copyright © Great Minds PBC

185

Անուն ______________________ Ամսաթիվ ______________

1. Օգտագործեք աղյուսակում գտնվող տվյալները՝ գծային դիագրամ ստեղծելու և հարցին պատասխանելու համար:

Թիզ (դյույմ)	Աշակերտների թիվը
2	
3	
4	|
5	𝍸 ||
6	𝍸 𝍸
7	|||
8	|

Աշակերտների թիզերը՝ տիկին Դեֆրանսիկոյի դասարանում

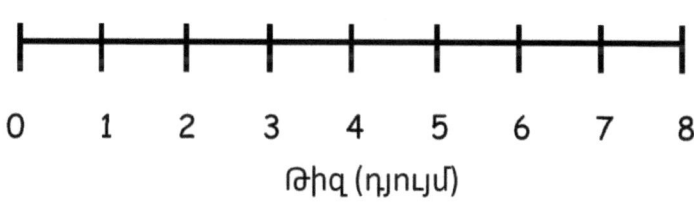

Թիզ (դյույմ)

Նկարագրեք գծային դիագրամի պատկերը.

____

____

____

2. Օգտագործեք աղյուսակում գտնվող տվյալները՝ գծային դիագրամ ստեղծելու և հարցերին պատասխանելու համար:

Աջ ոտքի երկարությունը (սանտիմետր)	Աշակերտների թիվը
17	|
18	||
19	||||
20	𝍸 |
21	𝍸 |
22	||
23	|

Ուսանողների աջ ոտքերի երկարությունը տիկին Դեֆրանսիկոյի դասարանում

Ուղիղի սխեմա

a. Նկարագրեք գծային դիագրամի պատկերը:

____

____

b. Քանի՞ ֆուտ է 20 սանտիմետրից երկար: ____________________

c. Քանի՞ ֆուտ է 20 սանտիմետրից կարճ: ____________________

d. Կազմեք ձեր համեմատության հարցը՝ տվյալների հիման վրա:

____

Աղյուսակի տվյալներով կազմեք գծային դիագրամներ և պատասխանեք հարցերին: Աղյուսակում ներկայացված են ծննդյան երեկույթի ժամանակ պատրաստված մարգարիտե շղթաների երկարությունները:

Մարգարիտե շղթաների երկարությունը	Մարգարիտե շղթաների թիվը
3 դյույմ	8
4 դյույմ	5
5 դյույմ	6
7 դյույմ	1
9 դյույմ	3
11 դյույմ	2

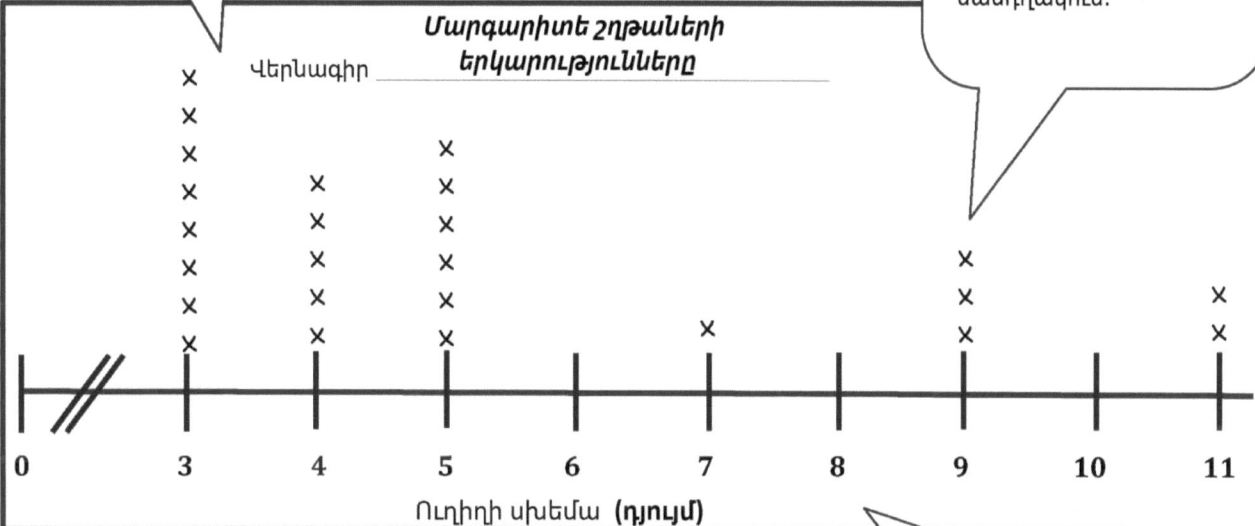

Աղյուսակից տվյալները ցույց տալու համար ես նկարում եմ X-եր յուրաքանչյուր երկարության վերևում: Այսպիսով, ես դրել եմ 8 X-եր 3 դյույմի վերևում, քանի որ կան 8 մարգարիտե շղթաներ, որոնք 3 դյույմ են:

Ես նկարում եմ թվային ուղիղ, որը սկսվում է 3 դյույմից և ավարտվում է 11 դյույմով: Քանի որ իմ մեկնարկային կետը 3-ն է, ես կրկնակի հեշի նշան եմ նկարում՝ ցույց տալու համար, որ 0-ի և 3-ի միջև թվերը ցույց չեն տրված սանդղակում:

Ես իմ ուղիղի սխեմային վերնագիր եմ դնում և նշում եմ չափման միավորը՝ դյույմ:

a. Քանի՞ մարգարիտե շղթա է արվել: **25**

b. Եզրակացություն կատարեք տվյալների վերաբերյալ գծային դիագրամի մեջ:

Ավելի հեշտ է կարճ մարգարիտե շղթա պատրաստել: Մարգարիտե շղթաների մեծ մասը 5 դյույմ կամ պակաս է:

c. Եթե ևս 5 հոգի 7 դյույմանոց մարգարիտե շղթա պատրաստեին, և ևս 6 հոգի 9 դյույմանոց մարգարիտե շղթա, ինչպե՞ս կփոխվեր գծային դիագրամի տեսքը:

Եթե ևս 5 հոգի 7 դյույմանոց մարգարիտե շղթա պատրաստեին, և ևս 6 հոգի 9 դյույմանոց մարգարիտե շղթա, ապա 9 դյույմանոց շղթան ամենատարածվածը կլիներ իսկ 11 դյույմանոց շղթան՝ ամենաքիչը տարածվածը:

Անուն ____________________________ Ամսաթիվ ______________

Աղյուսակի տվյալներով կազմեք գծային դիագրամներ և պատասխանեք հարցերին:

1. Գծապատկերում ներկայացված են արվեստի և արհեստների դասաժամին պատրաստված վզնոցների երկարությունները:

Վզնոցների երկարությունը	Վզնոցների քանակը
16 դյույմ	3
17 դյույմ	0
18 դյույմ	4
19 դյույմ	0
20 դյույմ	8
21 դյույմ	0
22 դյույմ	9
23 դյույմ	0
24 դյույմ	16

Վերնագիր

Ուղիղի սխեմա

a. Քանի՞ վզնոց պատրաստվեց: ____________

b. Եզրակացություն կատարեք տվյալների վերաբերյալ գծային դիագրամի մեջ:

____

Դաս 25. Չափման տվյալները ներկայացնելու համար գծեք գծային գրաֆիկ, պատասխանեք հարցերին և եզրակացություններ արեք՝ չափման տվյալների հիման վրա:

2. Աղյուսակում ներկայացված են աշտարակների բարձրությունները, որոնք աշակերտները պատրաստել էին բլոկներով:

Աշտարակների բարձրությունը	Աշտարակների քանակը
15 դյույմ	9
16 դյույմ	6
17 դյույմ	2
18 դյույմ	1

<u>Վերնագիր</u>

Ուղիղի սխեմա

a. Քանի՞ աշտարակ է չափվել: ____________

b. Ո՞ր աշտարակի բարձրությունն էր ամենից հաճախ հանդիպում: ____________

c. Եթե ևս 4 աշտարակ չափվեր 17 դյույմ և ևս 5 աշտարակ՝ 18 դյույմ, ինչպե՞ս կփոխվեր գծային դիագրամի տեսքը:

____

____

d. Եզրակացություն կատարեք տվյալների վերաբերյալ գծային դիագրամի մեջ:

____

____

Օգտագործեք աղյուսակի տվյալները՝ գծային դիագրամ ստեղծելու և հարցերին պատասխանելու համար: Նշեք միայն տրված մասնակիցների հասակները:

Ստորև բերված աղյուսակում բերված է ֆուտբոլային խաղի նախադպրոցականների հասակները:

Նախադպրոցականների հասակը (դյույմ)	Նախադպրոցականների թիվը
35	2
37	3
38	6
39	7
40	5
41	2
42	2

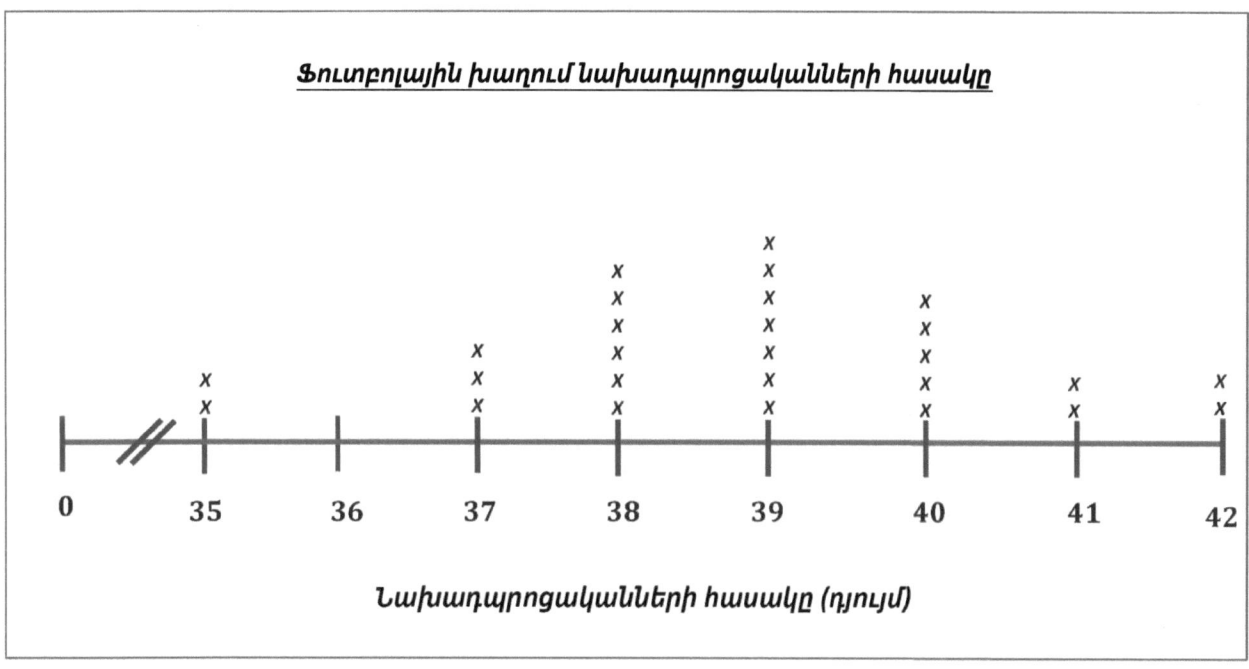

1.Քանի՞ նախադպրոցականներ են չափվել: **27**

Ես սկսեցի գումարել ավելի մեծ թվերով: Ես գիտեմ, որ 6 + 7 = 13: Այնուհետև 13 + 5 = 18, իսկ ևս 2-ը 20-ն է: Մնացածը 3 + 2 + 2 = 7 է: Եվ 20 + 7 = 27:

2. Քանի՞ նախադպրոցականներ ավելի են 38 կամ 39 դյույմ, քան 37 կամ 40 դյույմ: **5**

Գիտեմ, որ 13 նախադպրոցականներ 38 դյույմ կամ 39 դյույմ են, իսկ 8 նախադպրոցականներ՝ 37 կամ 40 դյույմ, ուստի այդ դեպքում ես պարզապես հանում եմ:

3. Եզրակացություն արեք, թե ինչու է զրո նախադպրոցական 0-ից 35 դյույմների միջև:

Կար 0 նախադպրոցական 35 դյույմից ցածր, քանի որ նախադպրոցականների մեծ մասը 35 դյույմից ավելի է: Ֆուտբոլային թիմում խաղալը դժվար կլինի, եթե ընդամենը 25 դյույմ հասակ ունենաս: Դա նման է երեխայի:

4. Այս տվյալների համար ավելի հեշտ է կարդալ ուղիղի **մխեման**/աղյուսակը (շրջանակի մեջ վերցրու մեկը), քանի որ...

Հեշտ է տեսնել, թե ինչ հասակ ունեն նախադպրոցականներից ամենաշատը և ամենաքիչը, նայելով X- ի քանակը: Բացի այդ, չափումներն իրար մոտ են, ուստի հեշտ է թվային ուղիղ կազմել:

Դաս 26. Չափման տվյալները ներկայացնելու համար գծեք գծային գրաֆիկ, պատասխանեք հարցերին և եզրակացություններ արեք՝ չափման տվյալների հիման վրա:

EUREKA MATH

Անուն ______________________________ Ամսաթիվ ______________

Օգտագործեք աղյուսակի տվյալները՝ գծային դիագրամ ստեղծելու և հարցերին պատասխանելու համար: Չափեք միայն տրված կոշիկների երկարությունները:

1. Ստորև աղյուսակը նկարագրում է աշակերտների կոշիկների երկարությունը տիկին Հենրիի դասարանում:

Կոշիկի երկարություն (դյույմ)	Կոշիկների քանակը քանակը
27	6
36	10
38	9
40	3
45	2

a. Քանի՞ կոշիկ էին չափվում: __________

b. Քանի՞ կոշիկ է 27 կամ 36 դյույմ, քան 40 կամ 45 դյույմ: __________

c. Եզրակացություն արեք, թե ինչու են զրո աշակերտ 54 դյույմ կոշիկ կրում:

____

2. Այս տվյալների համար ուղիղի **սխեման / աղյուսակը** (շրջանակի մեջ առեք մեկը) ավելի հեշտ է կարդալ, քանի որ ...

____

ՄԻԱՎՈՐՆԵՐԻ ՊԱՏՄՈՒԹՅՈՒՆ   Դաս 26 Տնային աշխատանք   2•7

Օգտագործեք տրված աղյուսակի տվյալները՝ գծային սխեմա ստեղծելու և հարցերին պատասխանելու համար:

3. Ստորև բերված աղյուսակը ներկայացնում է տիկին Հարիսոնի յուղամատիտների տուփի մեջ յուղամատիտների երկարությունը սանտիմետրերով:

Երկարություն (սանտիմետր)	Յուղամատիտների քանակը
4	4
5	7
6	9
7	3
8	1

a. Քանի յուղամատիտ կա տուփի մեջ: ___

b. Եզրակացություն արեք, թե ինչու է յուղամատիտների մեծ մասը 5 կամ 6 սանտիմետր:

Դասարան 2
Մոդուլ 8

Chapter 2

1. Նշեք կողմերի և անկյունների քանակը պատկերի համար։ Շրջեք անկյունները։

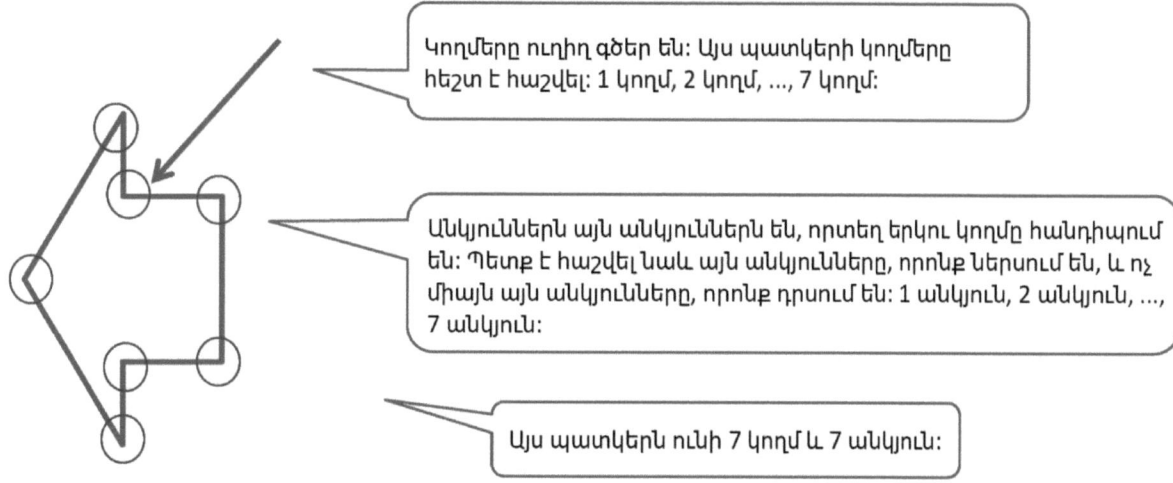

Կողմերը ուղիղ գծեր են։ Այս պատկերի կողմերը հեշտ է հաշվել։ 1 կողմ, 2 կողմ, ..., 7 կողմ։

Անկյուններն այն անկյուններն են, որտեղ երկու կողմը հանդիպում են։ Պետք է հաշվել նաև այն անկյունները, որոնք ներսում են, և ոչ միայն այն անկյունները, որոնք դրսում են։ 1 անկյուն, 2 անկյուն, ..., 7 անկյուն։

Այս պատկերն ունի 7 կողմ և 7 անկյուն։

2. Էթանն ասում է, որ այս պատկերն ունի 6 կողմ և 6 անկյուն։ Ֆրենկին ասում է, որ այն ունի 8 կողմ և 8 անկյուն։ Ո՞վ է ճիշտ։ Ինչպե՞ս եք պարզում։

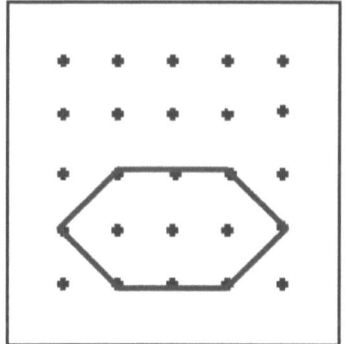

Ես գիտեմ, որ Էթանը ճիշտ է, քանի որ կարող եմ հաշվել 6 կողմ։ Վերևում տեսնում եմ 3 կողմ, և 3 կողմ էլ ներքևում։ Հետո անկյունները հաշվում եմ։ Ձախ կողմում տեսնում եմ 3 անկյուն, և 3 անկյուն էլ աջ կողմում։ Դա նշանակում է, որ կա 6 կողմ և 6 անկյուն։

Դաս 1. Նկարագրեք երկչափ պատկերներ՝ հիմնվելով դրանց հատկանիշների վրա։

Անուն _____ Ամսաթիվ _____

1. Յուրաքանչյուր պատկերի համար սահմանեք կողմերի և անկյունների քանակը: Անհրաժեշտության դեպքում շրջանագծեք յուրաքանչյուր անկյուն:

a.

_____ կողմեր

_____ անկյուններ

b.

_____ կողմեր

_____ անկյուններ

c.

_____ կողմեր

_____ անկյուններ

d.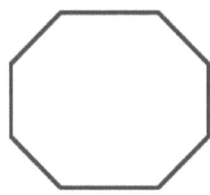

_____ կողմեր

_____ անկյուններ

e.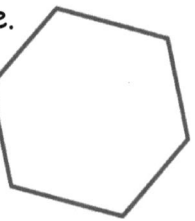

_____ կողմեր

_____ անկյուններ

f.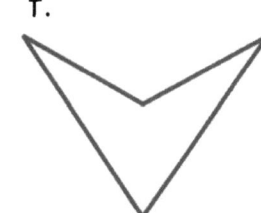

_____ կողմեր

_____ անկյուններ

g.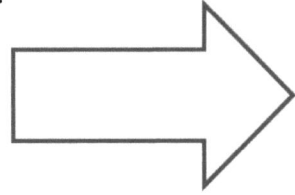

_____ կողմեր

_____ անկյուններ

h.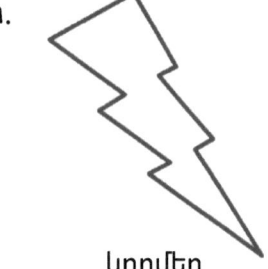

_____ կողմեր

_____ անկյուններ

i.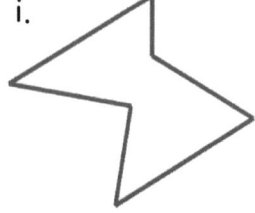

_____ կողմեր

_____ անկյուններ

Դաս 1. Նկարագրեք երկչափ պատկերներ՝ հիմնվելով դրանց հատկանիշների վրա:

2. Ուսումնասիրեք ստորև բերված պատկերները: Այնուհետև պատասխանեք հարցերին:

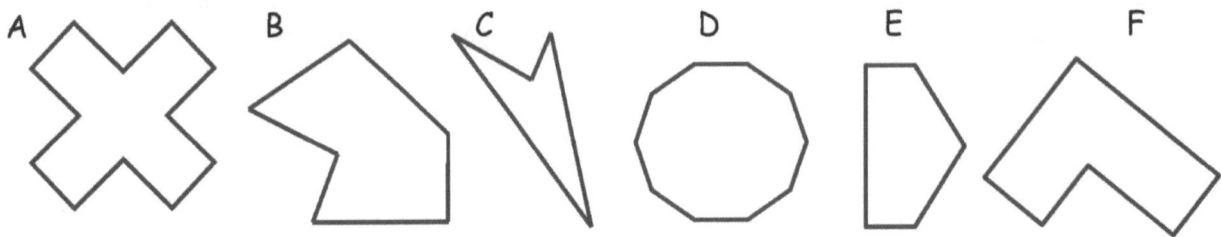

a. Ո՞ր պատկերն ունի առավելագույն անկյուններ: ___________

b. Ո՞ր պատկերն ունի F պատկերից 4-ով ավելի անկյուն: ___________

c. Ո՞ր պատկերն ունի D պատկերից 5-ով պակաս անկյուն: ___________

d. Որքա՞ն ավելի անկյուն ունի A պատկերը B պատկերից: ___________

e. Այս պատկերներից ո՞ր մեկն ունի նույն քանակի կողմեր և անկյուններ: ___________

3. Ձոզեֆի ուսուցիչն ասում է ձևավորել 6 կողմ և 6 անկյուն: Գունավորեք այն պատկերները, որոնք ունեն այդ հատկանիշները և շրջանակի մեջ վերցրեք այն պատկերը, որն այդ կատեգորիային չի պատկանում: Բացատրեք, թե ինչու այն չի պատկանում:

____

____

EUREKA MATH

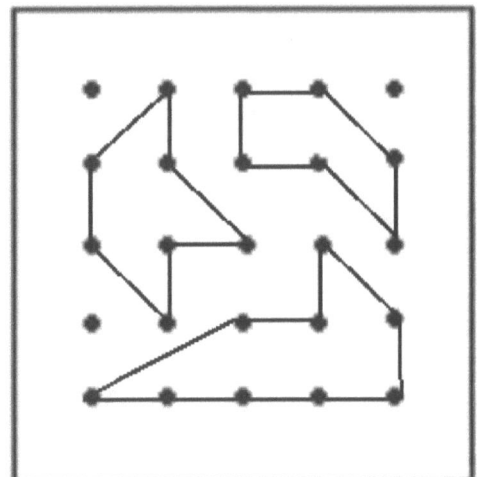

1. Բազմանկյունը որոշելու համար հաշվեք կողմերի և անկյունների քանակը:

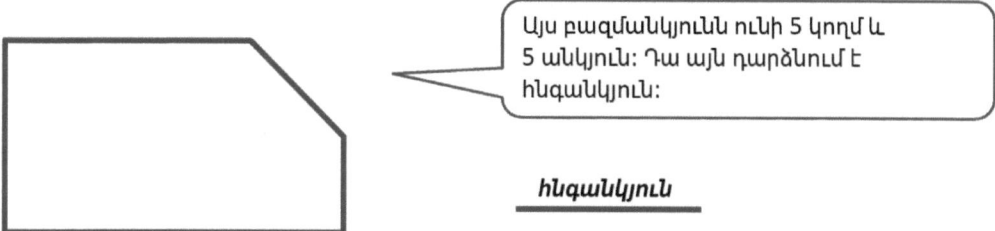

Այս բազմանկյունն ունի 5 կողմ և 5 անկյուն: Դա այն դարձնում է հնգանկյուն:

հնգանկյուն

2. Նկարեք ավելի շատ կողմեր՝ բազմանկյան 2 օրինակ լրացնելու համար:

	Օրինակ 1	Օրինակ 2
Հնգանկյուն Յուրաքանչյուր օրինակի համար ավելացան 3 գիծ: Հնգանկյունը 5 ընդհանուր կողմ ունի:		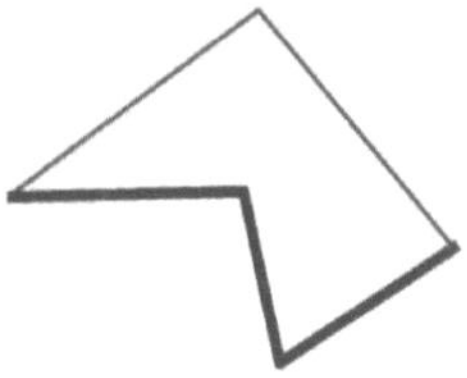

3. Բացատրեք, թե ինչու են C և D բազմանկյունները եռանկյուններ:

Երկու բազմանկյուններն էլ ունեն 3

կողմ և 3 անկյուն:

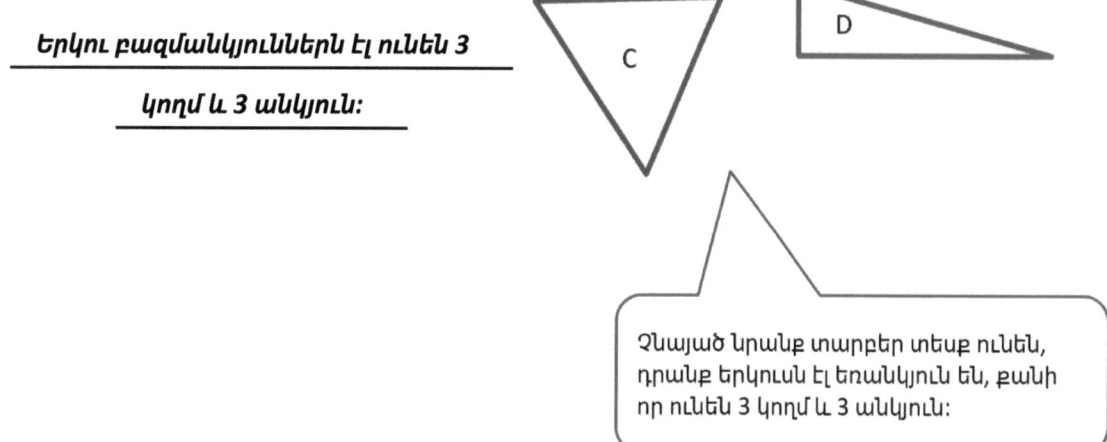

Չնայած նրանք տարբեր տեսք ունեն, դրանք երկուսն էլ եռանկյուն են, քանի որ ունեն 3 կողմ և 3 անկյուն:

Անուն _____ Ամսաթիվ _____

1. Հաշվեք յուրաքանչյուր պատկերի կողմերի և անկյունների քանակը՝ յուրաքանչյուր բազմանկյուն որոշելու համար: Բազմանկյան անունները բառային բանկում կարող են օգտագործվել ավելի, քան մեկ անգամ:

| Վեցանկյուն | Քառանկյուն | Եռանկյուն | Հնգանկյուն |

a.
_____

b.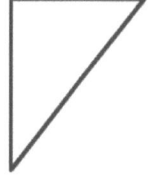
_____

c.
_____

d.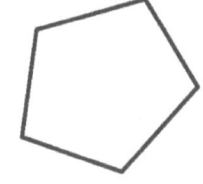
_____

e.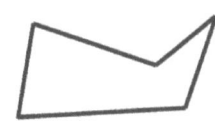
_____

f.
_____

g.
_____

h.
_____

i.
_____

j.
_____

k.
_____

l.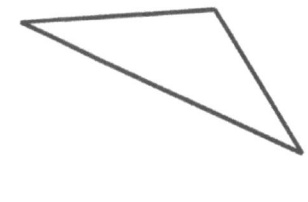
_____

2. Նկարեք ավելի շատ անկյուններ՝ ամբողջացնելու յուրաքանչյուր բազմանկյան 2 օրինակ։

	Օրինակ 1	Օրինակ 2
a. **Քառանկյուն** Յուրաքանչյուր օրինակի համար ավելացվեցին ___ գծեր։ Քառանկյունը ընդհանուր ___ կողմեր ունի։		
b. **Հնգանկյուն** Յուրաքանչյուր օրինակի համար ավելացվեցին ___ գծեր։ Պենտագոնը ընդհանուր ___ կողմեր ունի։		
c. **Եռանկյուն** Յուրաքանչյուր օրինակի համար ավելացվեց ___ գիծ։ Եռանկյունն ունի ընդհանուր ___ կողմեր։		
d. **Վեցանկյուն** Յուրաքանչյուր օրինակի համար ավելացվեցին ___ գծեր։ Վեցանկյունն ընդհանուր ___ կողմեր ունի։		

3. Բացատրեք, թե ինչու են A և B բազմանկյունները հնգանկյուններ։

_____

_____

4. Բացատրեք, թե ինչու են C և D բազմանկյունները եռանկյուններ։

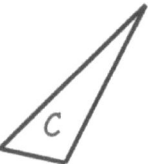 

_____

_____

1. Օգտագործեք ուղիղ անկյուն՝ տրված հատկանիշներով բազմանկյուն նկարելու համար:

   3 անկյունով նկարեք բազմանկյուն:

   Կողմերի քանակը՝ 3

   Բազմանկյան անունը՝ եռանկյուն

> Երբ ես 3 անկյունով նկարում եմ բազմանկյուն, այն նաև ունի 3 կողմ: Դա եռանկյուն է:

2. Օգտագործեք ձեր ուղիղ անկյունը՝ խնդրի 1-ի համար նկարած բազմանկյան 2 նոր օրինակներ բերելու համար:

   Եռանկյուն

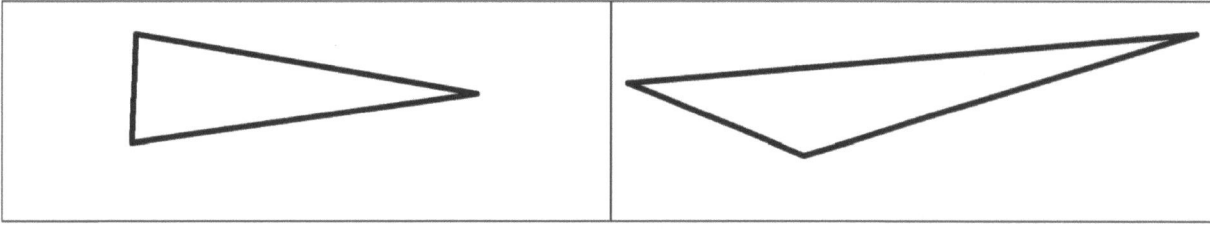

> Բոլոր եռանկյունները պետք է ունենան 3 կողմ և 3 անկյուն: Անկյունների չափը և կողմերի երկարությունը փոխելով՝ կարող եմ բոլոր տեսակի տարբեր եռանկյուններ կազմել: Այս մեկը երկար և բարակ է:

ՄԻԱՎՈՐՆԵՐԻ ՊԱՏՄՈՒԹՅՈՒՆ   Դաս 3 Տնային աշխատանք   2•8

Անուն _____   Ամսաթիվ _____

1. Օգտագործելով ուղիղ անկյուն՝ աջ կողմի հատվածում տրված հատկանիշներով նկարեք բազմանկյուն։

   a. Գծեք բազմանկյուն 4 անկյուններով։

      Կողմերի քանակը. _____

      Բազմանկյան անվանումը. _____

   b. Գծեք վեց կողմանի բազմանկյուն։

      Անկյունների քանակը. _____

      Բազմանկյան անվանումը. _____

   c. Նկարեք բազմանկյուն 3 անկյունով։

      Կողմերի քանակը. _____

      Բազմանկյան անվանումը. _____

   d. Գծեք հինգ կողմանի բազմանկյուն։

      Անկյունների քանակը. _____

      Բազմանկյան անվանումը. _____

Դաս 3. Օգտագործեք հատկանիշները՝ տարբեր բազմանկյուններ՝ այդ թվում եռանկյուններ, քառանկյուններ, հնգանկյուններ և վեցանկյուններ գծելու համար։

ՄԻԱՎՈՐՆԵՐԻ ՊԱՏՄՈՒԹՅՈՒՆ

Դաս 3 Տնային աշխատանք 2•8

2. Օգտագործեք ձեր ուղիղ անկյունը յուրաքանչյուր բազմանկյան 2 նոր օրինակներ նկարելու համար, որոնք տարբերվում են առաջին էջում նկարածներից։

a. Քառանկյուն

b. Վեցանկյուն

c. Հնգանկյուն

d. Եռանկյուն

1. Օգտագործեք ձեր քանոնը և գծեք 2 զուգահեռ գծեր, որոնք նույն երկարության չեն:

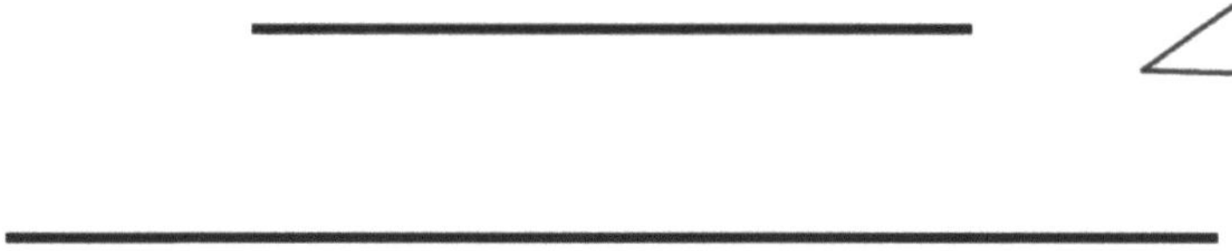

Գիտեմ, որ զուգահեռ գծերն անցնում են նույն ուղղությամբ և երբեք չեն հատվում: Ես կարող եմ զուգահեռ գծեր գծել՝ իմ քանոնը թղթի վրա տեղադրելով և երկու կողմերն օգտագործելով 2 ուղիղ գծեր գծելու համար:

2. Գծեք 4 քառակուսի անկյունով քառանկյուն:

Քառակուսի անկյունները Լ տառի տեսքի են:

Այս քառանկյուններից երկուսն էլ ունեն 4 քառակուսի անկյուն: Դա նշանակում է, որ երկու ձևերն էլ ուղղանկյուն են: Աջ կողմինը հատուկ ուղղանկյուն է, որը կոչվում է քառակուսի: Այն ունի 4 քառակուսի անկյուն և 4 կողմ, որոնք նույն երկարության են:

3. Նկարեք քառանկյուն զուգահեռ կողմերի երկու հավաքածուով:

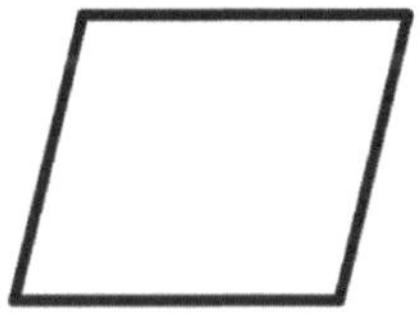

Ես գիտեմ, որ սա քառանկյուն է, քանի որ այն ունի 4 կողմ և 4 անկյուն: Այն չունի քառակուսի անկյուն, ուստի այն չի կարող ուղղանկյուն լինել: Այն ունի զուգահեռ կողմերի 2 հավաքածու. այն պետք է լինի զուգահեռագիծ:

Դաս 4. Օգտագործեք ատրիբուտներ `տարբեր քառանկյուններ ճանաչելու և և գծելու համար` ներառյալ ուղղանկյուններ, շեղանկյուններ, զուգահեռագծեր և սեղաններ:

ՄԻԱՎՈՐՆԵՐԻ ՊԱՏՄՈՒԹՅՈՒՆ   Դաս 4 Տնային աշխատանք   2•8

Անուն _____ Ամսաթիվ _____

1. Օգտագործեք ձեր քանոնը և գծեք 2 զուգահեռ գծեր, որոնք նույն երկարության չեն:

2. Օգտագործեք ձեր քանոնը՝ միևնույն երկարությամբ զուգահեռ 2 գծեր գծելու համար:

3. Նկարեք քառանկյուն զուգահեռ կողմերի երկու հավաքածուով: Ի՞նչ է կոչվում այս քառանկյունը:

4. 4 քառակուսի անկյուններով գծեք քառանկյուն, իսկ հակառակ կողմերը՝ նույն երկարությամբ: Ի՞նչ է կոչվում այս քառանկյունը:

Դաս 4. Օգտագործեք աստղիթումներ `տարբեր քառանկյուններ ճանաչելու և և գծելու համար՝ ներառյալ ուղղանկյուններ, շեղանկյուններ, զուգահեռագծեր և սեղաններ:

5. Քառակուսին յուրահատուկ ուղղանկյուն է: Ի՞նչն է այն յուրահատուկ դարձնում:

____

____

6. Գունավորեք յուրաքանչյուր քառանկյունը 4 քառակուսի անկյուններով և զուգահեռ կողմերի երկու հավաքածուն՝ կարմիր:
Գունավորեք յուրաքանչյուր քառանկյուն առանց քառակուսի անկյունների և զուգահեռ կողմնակի կապույտ:
Շրջանակի մեջ առեք յուրաքանչյուր քառանկյունը զուգահեռ կողմերի մեկ կամ մի շարք հավաքածուներով և գունավորեք կանաչ:

EUREKA MATH

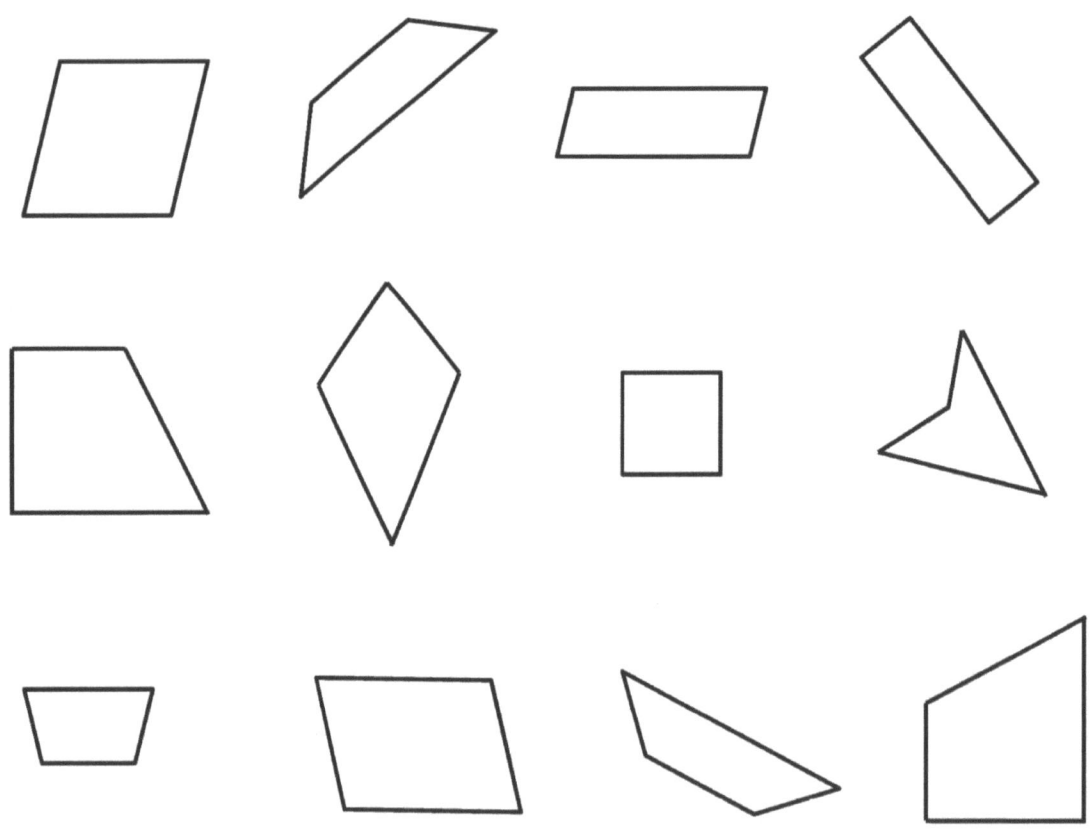

Նկարեք խորանարդ:

Քայլ 1.

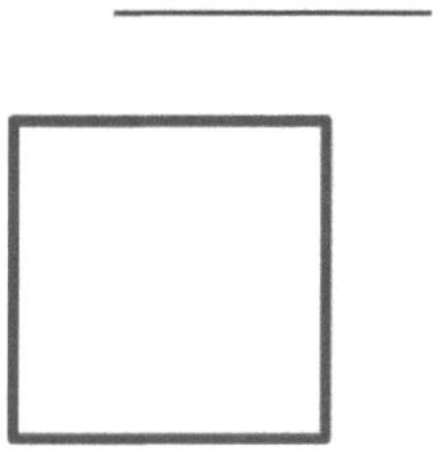

Նախ ես քառակուսի եմ գծում: Այնուհետև, սկսելով վերին եզրի մեջտեղից, ես գիծ եմ գծում, որը զուգահեռ է և մոտավորապես նույն երկարության, որքան վերին եզրը:

Քայլ 2.

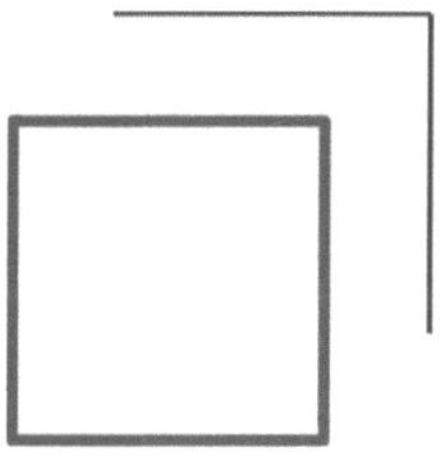

Հետո ես պատրաստում եմ քառակուսի անկյուն, որի աջ կողմը զուգահեռ է աջ եզրին:

Քայլ 3.

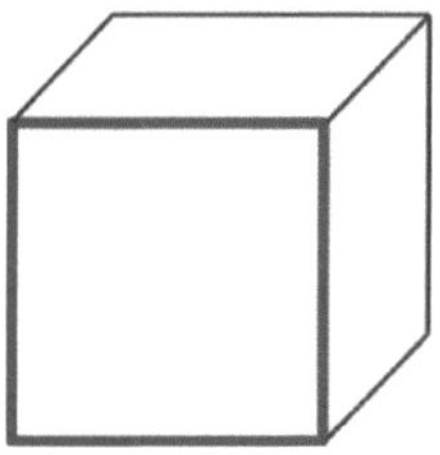

Վերջապես, ես երեք գիծ եմ գծում, որպեսզի քառակուսի երեսի երեք անկյունները միացնեմ գծագրերի վերջավոր կետերին և անկյունին:

Ես եզրերն եմ հաշվում՝ ցույց տալով մեկերը, որ տեսնում եմ, և այն մեկերը, որ չեն երևում: Ես հաշվում եմ 12 եզր:

Անկյունները սուր են: Առջևի երեսին կա 4 անկյուն, և 4 անկյուն էլ հետևի երեսին: Միասին կազմում է 8 անկյուն:

Ես տեսնում եմ 3 երես, և ես գիտեմ, որ 3-ը թաքնված են, այնպես որ միասին կազմում են 6:

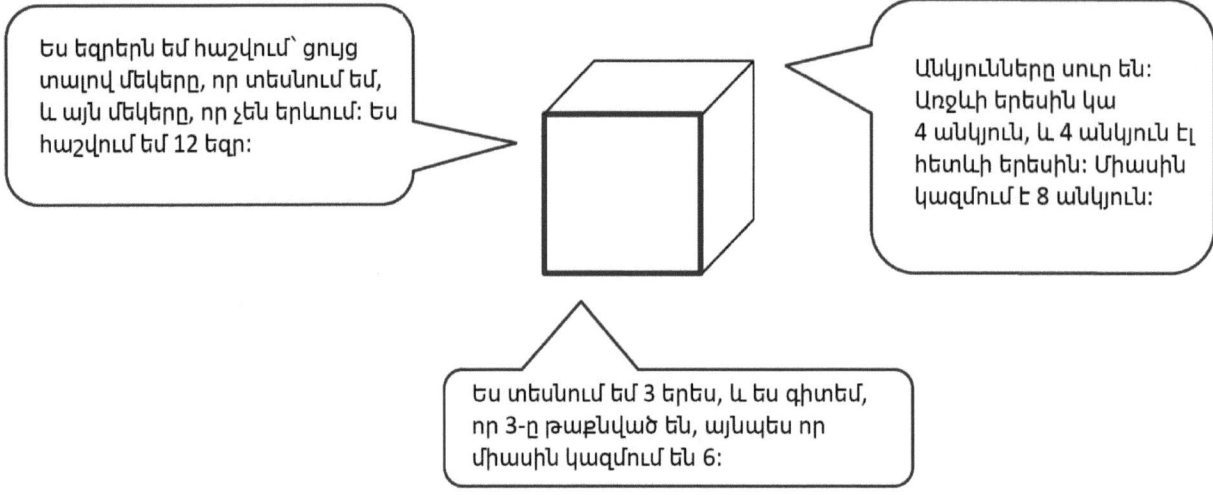

Անուն ______________________________ Ամսաթիվ ______________

1. Շրջանակի մեջ առեք այն պատկերները, որոնք կարող են խորանարդի երեսի կողմը լինել:

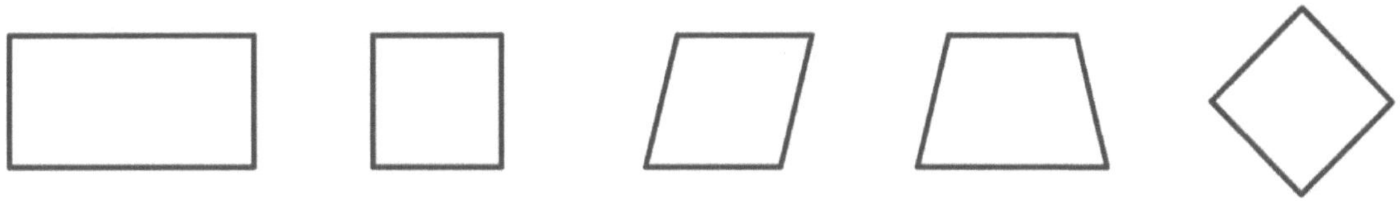

2. Ո՞րն է ձեր շրջանակի մեջ վերցրած պատկերի առավել ճշգրիտ անունը: ______________

3. Քանի՞ անկյուն ունի խորանարդը: __________

4. Քանի՞ եզր ունի խորանարդը: __________

5. Քանի՞ երեսի կողմ ունի խորանարդը: __________

6. Նկարեք 6 խորանարդ և աստղ դրեք ամենալավի կողքին:

Առաջին խորանարդ	Երկրորդ խորանարդ
Երրորդ խորանարդ	Չորրորդ խորանարդ
Հինգերորդ խորանարդ	Վեցերորդ խորանարդ

EUREKA MATH Դաս 5. Կապեք քառակուսին խորանարդի հետ և նկարագրեք խորանարդը՝ հիմնվելով նրա հատկանիշների վրա: 217

Copyright © Great Minds PBC

7. Կապեք քառակուսիների անկյունները՝ ստեղծելու համար մեկ այլ տեսակի խորանարդ։

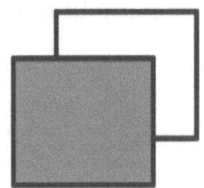 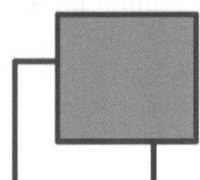  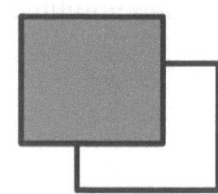

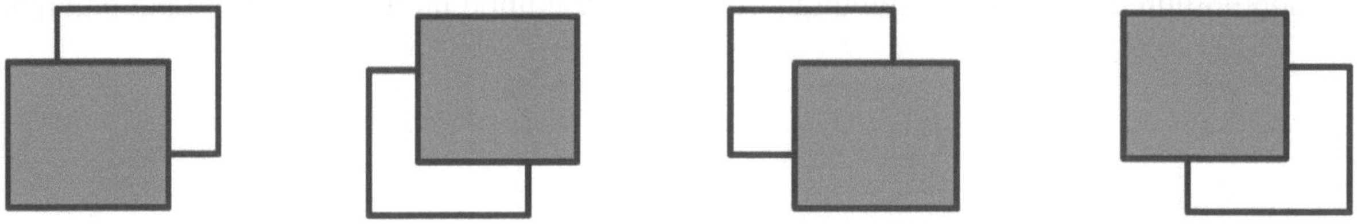

8. Պատրիցիան օգտագործեց ներքևի խորանարդի պատկերը՝ 7 անկյունը հաշվելու համար։ Բացատրեք, թե որտեղ է թաքնված 8-րդ անկյունը։

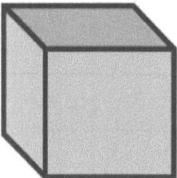

_____

_____

_____

1. Ստորև բերված տեղում հնարավորինս ճշգրտորեն սահմանեք թանգրամի մեջ նշված յուրաքանչյուր բազմանկյուն:

   a. _____եռանկյուն_____

   b. _____զուգահեռագիծ_____

   c. _____քառակուսի_____

   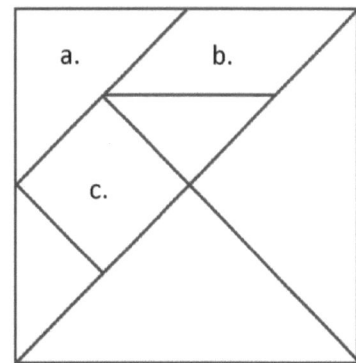

   Ես գիտեմ, որ c տառը քառակուսի է: Այն ունի 4 քառակուսի անկյուն, զուգահեռ կողմերի 2 բազմություն, և բոլոր կողմերը հավասար երկարության են:

   Ես գիտեմ, որ b տառը զուգահեռագիծ է, քանի որ այն ունի զուգահեռ կողմերի 2 բազմություն, բայց քառակուսի անկյուններ չկան: 3 կողմն ու 3 անկյունը կազմում է եռանկյունի:

2. Օգտագործեք զուգահեռագիծը և երկու ամենափոքր եռանկյունները՝ հետևյալ բազմանկյունները կազմելու համար: Նկարեք դրանք տրված տեղում:

   a. Քառանկյուն՝ 1 զույգ զուգահեռ կողմերով

   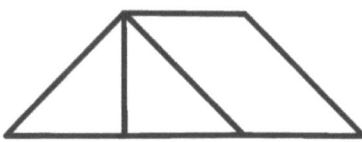

   Տեսեք, ես սեղան ստացա: Այն ունի 4 ուղիղ կողմ, բայց դրանք բոլորը նույն երկարությամբ չեն:
   Ես գիտեմ, որ դա սեղան է, քանի որ այն ունի առնվազն մեկ զույգ զուգահեռ կողմեր:

   b. Քառանկյուն առանց քառակուսի անկյունների

   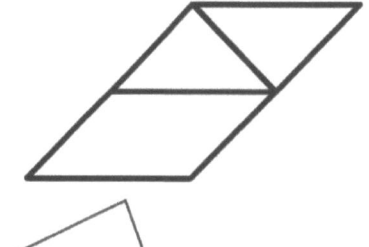

   Գիտեմ, որ այս մեկը զուգահեռագիծ է: Այն ունի 2 զույգ զուգահեռ կողմեր և չունի քառակուսի անկյուններ:

ՄԻԱՎՈՐՆԵՐԻ ՊԱՏՄՈՒԹՅՈՒՆ   Դաս 6 Տնային աշխատանք 2•8

Անուն _____   Ամսաթիվ _____

1. Ստորև նշված հատվածում նշեք յուրաքանչյուր բազմանկյունը:

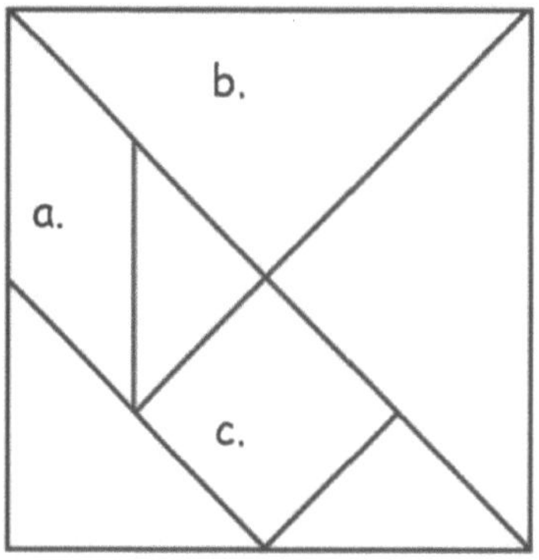

   a. _____

   b. _____

   c. _____

2. Հետևյալ բազմանկյունները կազմելու համար օգտագործեք ձեր թանգրամի մասերից՝ քառակուսին և երկու ամենափոքր եռանկյունները։ Նկարեք դրանք տրված տեղում։

a. Եռանկյուն՝ 1 քառակուսի անկյունով։	b. Չորս քառակուսի անկյուն ունեցող քառանկյուն։
c. Քառանկյուն առանց քառակուսի անկյունների։	d. Քառանկյուն՝ զուգահեռ կողմերի միայն 1 զույգով։

Դաս 6.   Միավորեք պատկերները՝ բաղադրիչներով պատկեր ստեղծելու համար; ստեղծեք նոր պատկեր՝ բաղկացուցիչ պատկերներից։

221

ՄԻԱՎՈՐՆԵՐԻ ՊԱՏՄՈՒԹՅՈՒՆ   Դաս 6 Տնային աշխատանք   2•8

3. Վեցանկյուն կազմելու համար վերադասավորեք զուգահեռագիծը և ամենափոքր երկու եռանկյունները։ Նոր պատկերը նկարեք ներքևում։

4. Առնվազն 6 այլ բազմանկյուն կազմելու համար վերադասավորեք ձեր թանգրամի մասերը։ Նկարեք և անվանեք դրանք ստորև։

Բաժանեք թանգրամը 7 գլուխկոտրուկի մասերի:

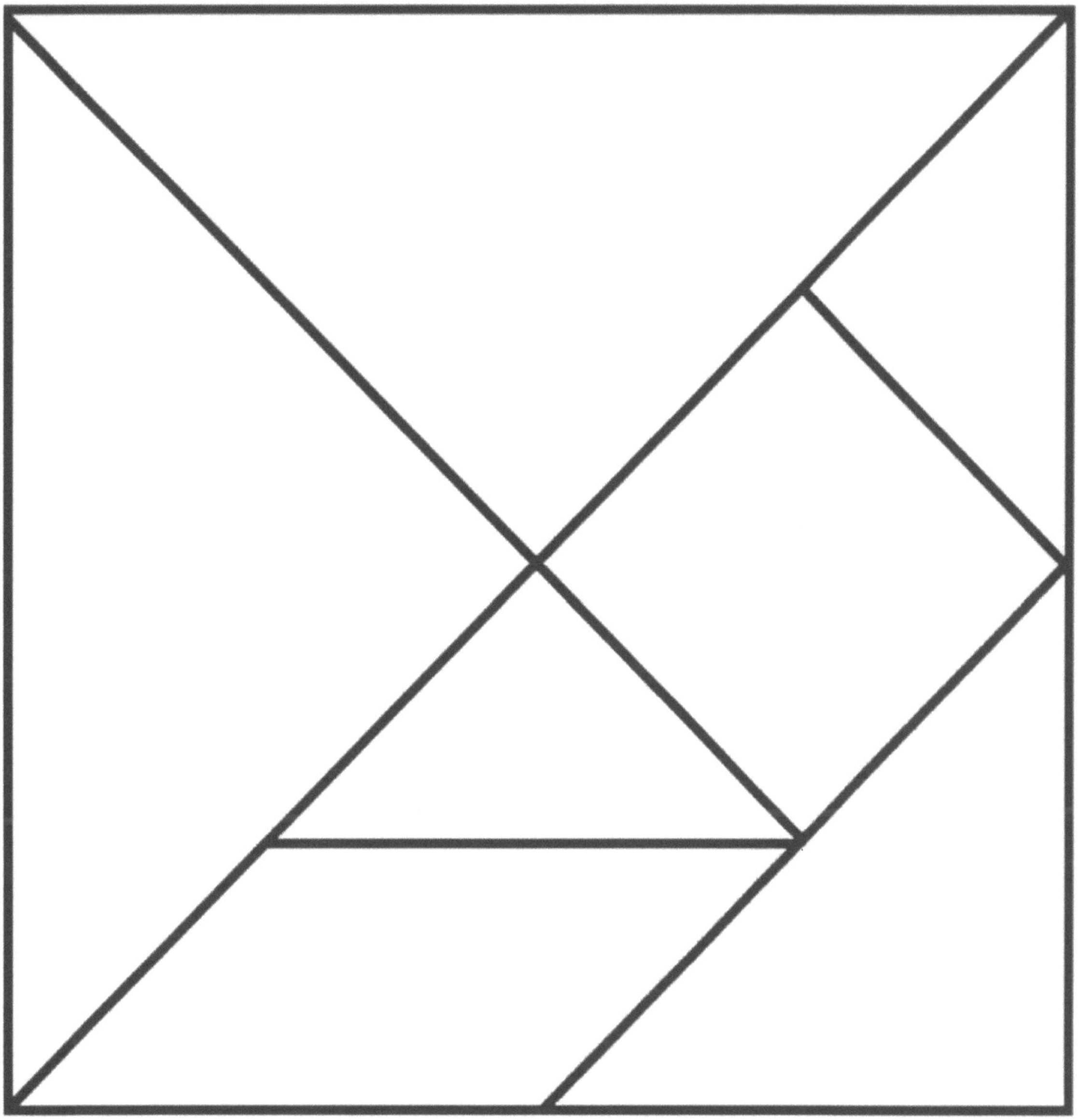

թանգրամ

ՄԻԱՎՈՐՆԵՐԻ ՊԱՏՄՈՒԹՅՈՒՆ   Դաս 7 Տնային աշխատանքների օգնական   2•8

1. Լրացրեք հետևյալ գլուխկոտրուկն՝ օգտագործելով ձեր թանգրամի կտորները: Ստորև գտնվող հատվածում նկարեք ձեր լուծումները:

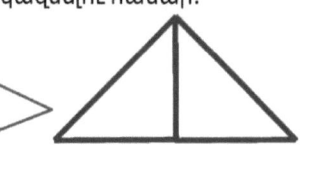

Օգտագործեք երկու ամենափոքր եռանկյունիները՝ մեկ մեծ եռանկյուն կազմելու համար:

Երկու փոքր եռանկյունիները, որոնք ես օգտագործում եմ մեկ մեծ եռանկյունի ստանալու համար, նույն չափն ունեն: Դա նշանակում է, որ այս եռանկյունը երկու հավասար մասեր ունի, կամ երկու կես:

2. Շրջանակի մեջ վերցրեք այն պատկերները, որոնք ցույց են տալիս երրորդներ:

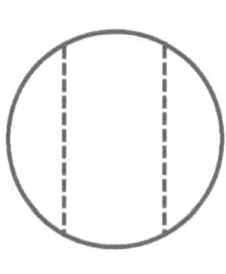 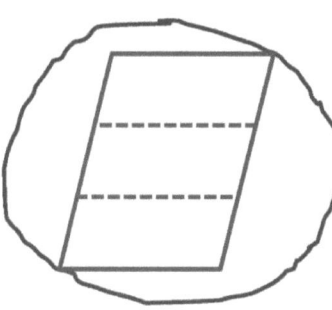 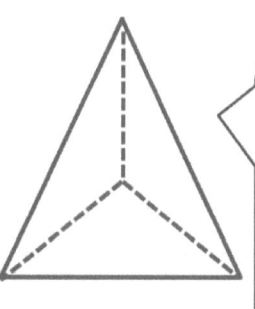

Գիտեմ, որ այս եռանկյունը չի բաժանվում երրորդի, քանի որ բոլոր երեք մասերը հավասար մասեր չեն: Ներքևի մասն ավելի մեծ է, քան մյուսները:

3. Ուսումնասիրեք ուղղանկյունը:

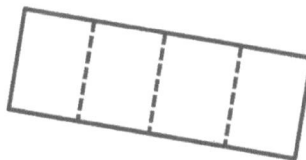

a. Քանի՞ հավասար մաս ունի ուղղանկյունը: ___4___

b. Քանի՞ մեկ չորրորդ մաս կա ուղղանկյան մեջ: ___4___

Դաս 7.   Արտահայտեք հավասար բաժինները՝ բաղադրյալ բաժինների պատկերների կեսերով, երրորդներով և չորրորդներով: 225

Անուն _____ Ամսաթիվ _____

1. Լուծեք հետևյալ գլուխկոտրուկն՝ օգտագործելով ձեր թանգրամի կտորները։ Ստորև գտնվող հատվածում նկարեք ձեր լուծումները։

a. Քառակուսի ստանալու համար օգտագործեք երկու ամենամեծ եռանկյունը։	b. Քառակուսի ստանալու համար օգտագործեք երկու ամենափոքր եռանկյունը։
c. Օգտագործեք երկու ամենափոքր եռանկյունը՝ զուգահեռագիծ ստանալու համար, առանց քառակուսի անկյունների։	d. Օգտագործեք երկու ամենափոքր եռանկյունը՝ մեկ մեծ եռանկյուն կազմելու համար։
e. Քանի հավասար մասեր ունեն (a–d) մասերի ավելի մեծ պատկերները։	f. Քանի՞ կեսն է կազմում (a–d) մասերի ավելի մեծ պատկերները։

2. Շրջանակի մեջ վերցրեք այն պատկերները, որոնք ցույց են տալիս կեսեր։

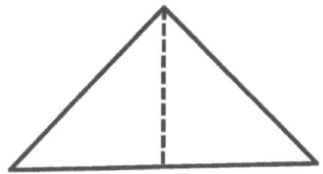 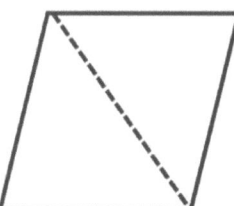 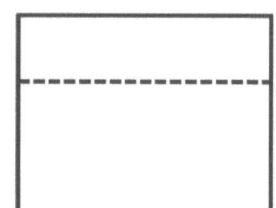 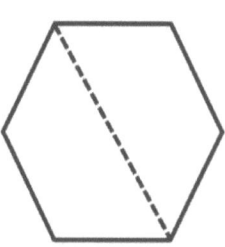

3. Ուսումնասիրեք սեղանը:

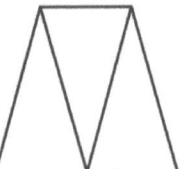

a. Քանի՞ հավասար մաս ունի սեղանը: ___________

b. Քանի՞ երրորդներ կա սեղանում: _________

4. Շրջանակի մեջ վերցրեք այն պատկերները, որոնք ցույց են տալիս երրորդներ:

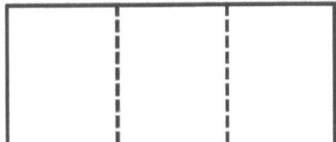

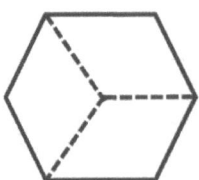

5. Ուսումնասիրեք զուգահեռագիծը:

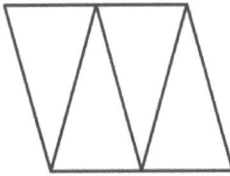

a. Քանի՞ հավասար մաս ունի այս պատկերը: ___________

b. Քանի՞ 1 չորրորդներ կան պատկերում: _________

6. Շրջանակի մեջ վերցրեք այն պատկերները, որոնք ցույց են տալիս չորրորդներ:

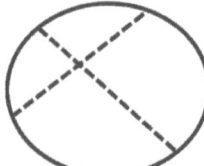

EUREKA MATH

1. Անվանեք այն մոդելային բլոկները, որոնք օգտագործել եք ուղղանկյան կեսը ծածկելու համար: ***քառակուսի***

   Նախագծեք 2 մոդելային բլոկ, որն օգտագործվում է ուղղանկյան երկու կեսերը ծածկելու համար:

Ուղղանկյունը կարող եմ ծածկել 2 քառակուսիով: 2 հավասար մասերը կամ կեսերը, կազմում են մեկ ամբողջ ուղղանկյուն:

2. Նկարեք 2 գիծ՝ ստորև սեղանի մեջ 3 եռանկյուն կազմելու համար:

Իմանալով, որ եռանկյունն ունի 3 կողմ, օգնում է ինձ հասկանալ, թե որտեղ եմ գծերս գծելու:

a. Մգացրեք 1 եռանկյուն: Յուրաքանչյուր եռանկյունը ամբողջ սեղանի 1 երրորդն է (կես / երրորդ / չորրորդ):

b. Մգացրեք ևս 1 եռանկյուն: Այժմ ամբողջ սեղանի 2/3-ը (կեսը / երրորդը / չորրորդը) մգացրած է:

c. Մգացրեք ևս 1 եռանկյուն: __3__ երրորդը հավասար է 1 ամբողջի:

Եթե սեղանի 2/3-ը մգացրած է, ապա մնում է մգացնել 1 երրորդը: Այնուհետև 3 երրորդը կմգացնեմ: Դա 1 ամբողջ է:

ՄԻԱՎՈՐՆԵՐԻ ՊԱՏՄՈՒԹՅՈՒՆ   Դաս 8 Տնային աշխատանք 2•8

Անուն _____ Ամսաթիվ _____

1. Անվանեք մոդելային բլոկը, որն օգտագործվում է շեղանկյան կեսը ծածկելու համար: _____

   Ուրվագծեք երկու մոդելային բլոկները, որոնք օգտագործվում են շեղանկյան երկու կեսերը ծածկելու համար:

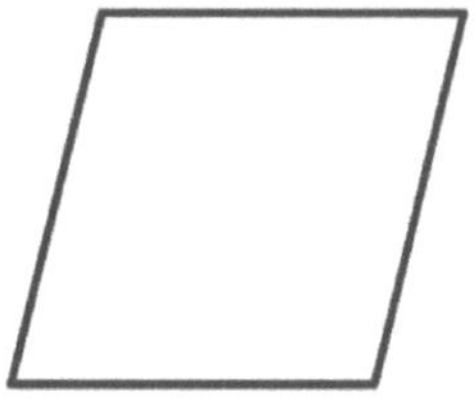

2. Անվանեք վեցանկյան կեսը ծածկելու համար օգտագործվող մոդելային բլոկը: _____

   Ուրվագծեք վեցանկյան երկու կեսերը ծածկելու համար օգտագործված երկու մոդելային բլոկները:

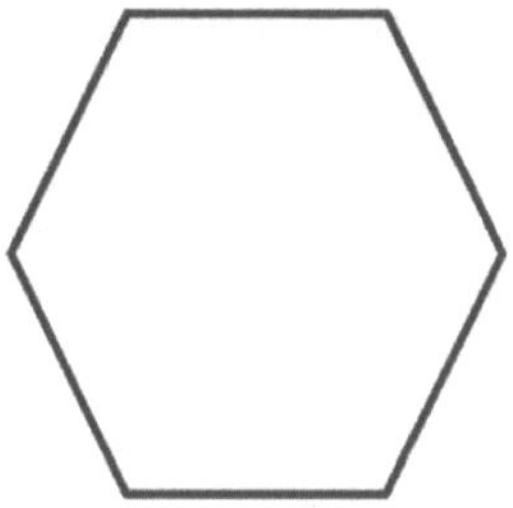

3. Անվանեք վեցանկյան 1 երրորդը ծածկելու համար օգտագործվող մոդելային բլոկը: _____

   Ուրվագծեք վեցանկյան երրորդ մասը ծածկելու համար օգտագործված երեք մոդելային բլոկները:

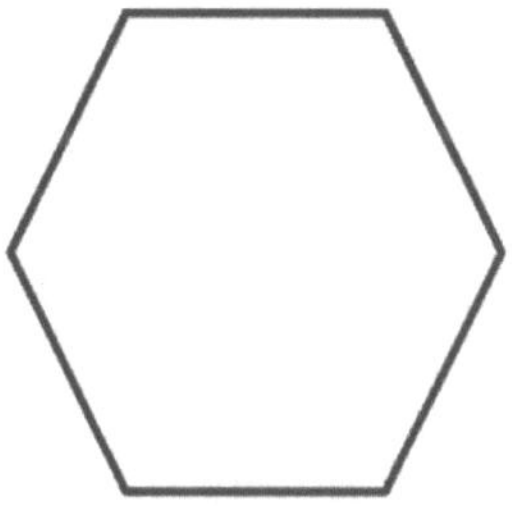

4. Անվանեք մոդելային բլոկը, որն օգտագործվում է սեղանի 1/3-րդ մասը ծածկելու համար: _____

   Ձևավորեք գծապատկերային 3 բլոկները, որոնք օգտագործվում են սեղանի մեկ երրորդ մասը ծածկելու համար:

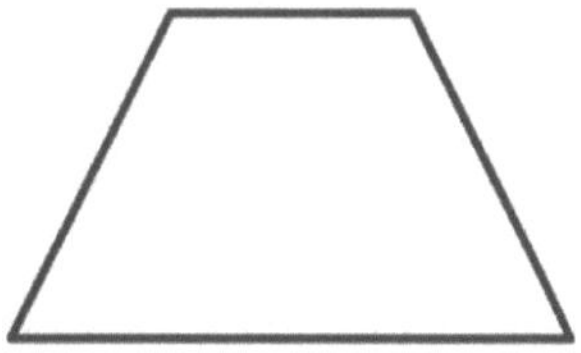

Դաս 8.   Արտահայտեք հավասար բաժինները՝ բաղադրյալ բաժինների պատկերների կեսերով, երրորդներով և չորրորդներով:

5. Ստորև բերված քառակուսիից 4 քառակուսի կազմելու համար նկարեք 2 գիծ:

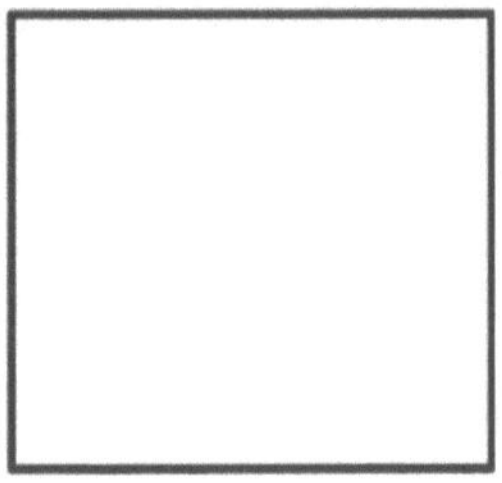

a. Մգացրեք 1 փոքր քառակուսի: Յուրաքանչյուր փոքր քառակուսի հավասար է մեկ ամբողջ քառակուսու 1 ____________ (կես / երրորդ / չորրորդ) :

b. Մգացրեք ևս 1 փոքր քառակուսի: Այժմ ամբողջ քառակուսու 2 ____________ (կես / երրորդ / չորրորդ) մգացրած է:

c. Եվ քառակուսու 2 չորրորդը նույնն է, ինչ ամբողջ քառակուսու 1 ____________ (կես / երրորդ / չորրորդ):

d. Գունավորեք ևս 2 փոքր քառակուսիներ: ____________ չորրորդը հավասար է 1 ամբողջի:

6. Անվանեք վեցանկյան 1 վեցերորդ մասը ծածկելու համար օգտագործվող մոդելային բլոկը: ________________

Ուրվագծեք վեցանկյան 6 վեցերորդ մասը ծածկելու համար օգտագործվող 6 մոդելային բլոկները:

EUREKA MATH

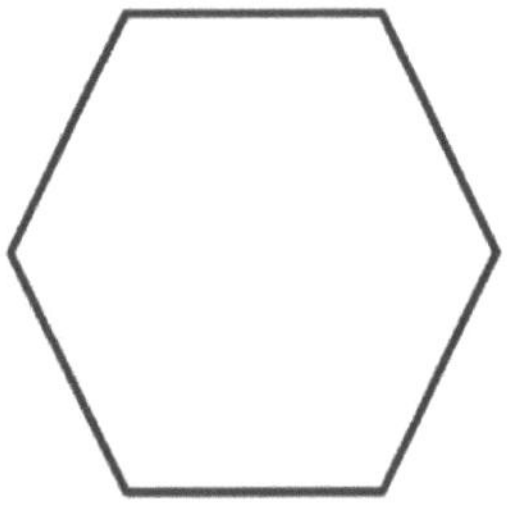

1. Շրջանակի մեջ վերցրեք այն պատկերները, որոնք ունեն 2 հավասեր մասեր՝ 1 գունավորված մասով:

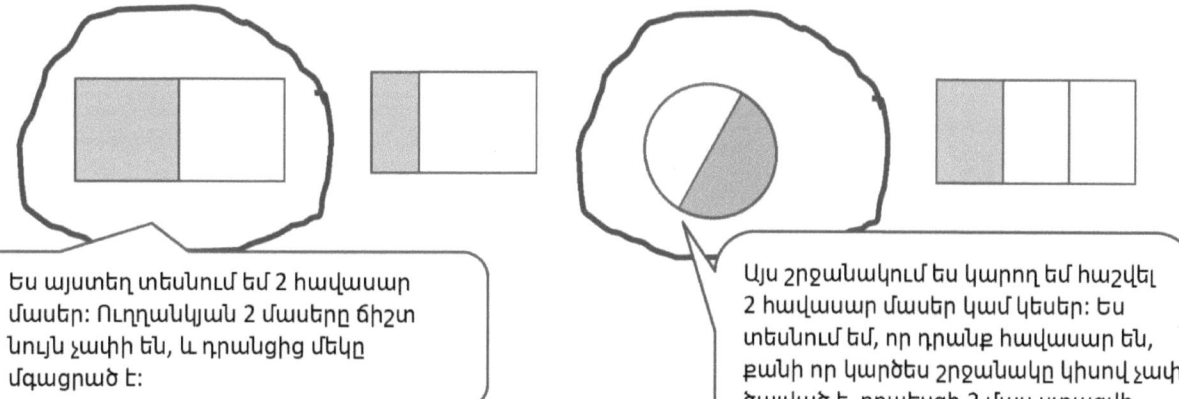

2. Գունավորեք 1 պատկերի կեսը, որը բաժանված է 2 հավասար մասերի: Մեկը բերված է որպես օրինակ:

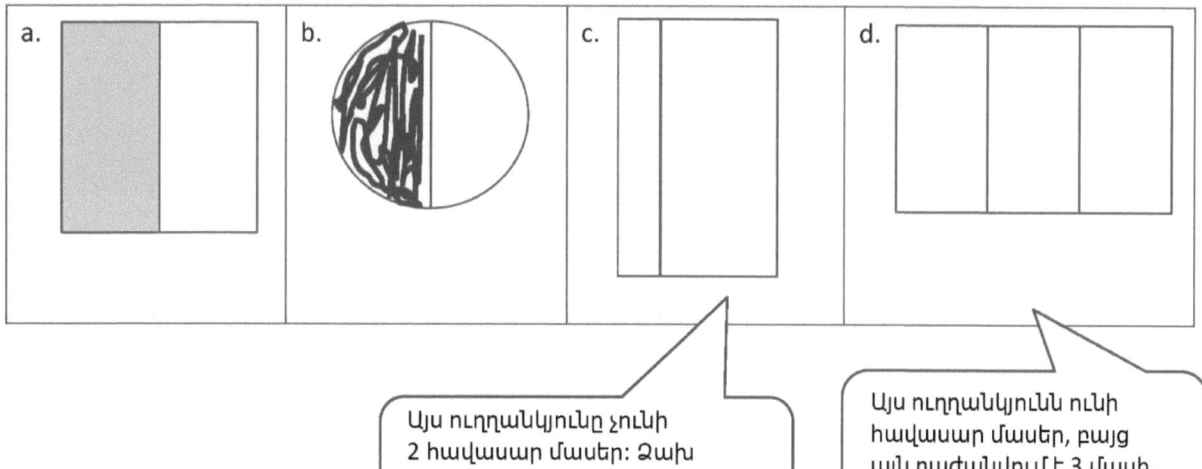

Դաս 9. Շրջանները և ուղղանկյունները բաժանեք հավասար մասերի և այդ մասերը նկարագրեք որպես կեսեր, մեկ երրորդներ և մեկ քառորդներ:

3. Մասնատեք պատկերները ցույց տալու համար կեսերը: Գունավորեք յուրաքանչյուրի 1 կեսը: Համեմատեք ձեր կեսերը ընկերոջ կեսերի հետ:

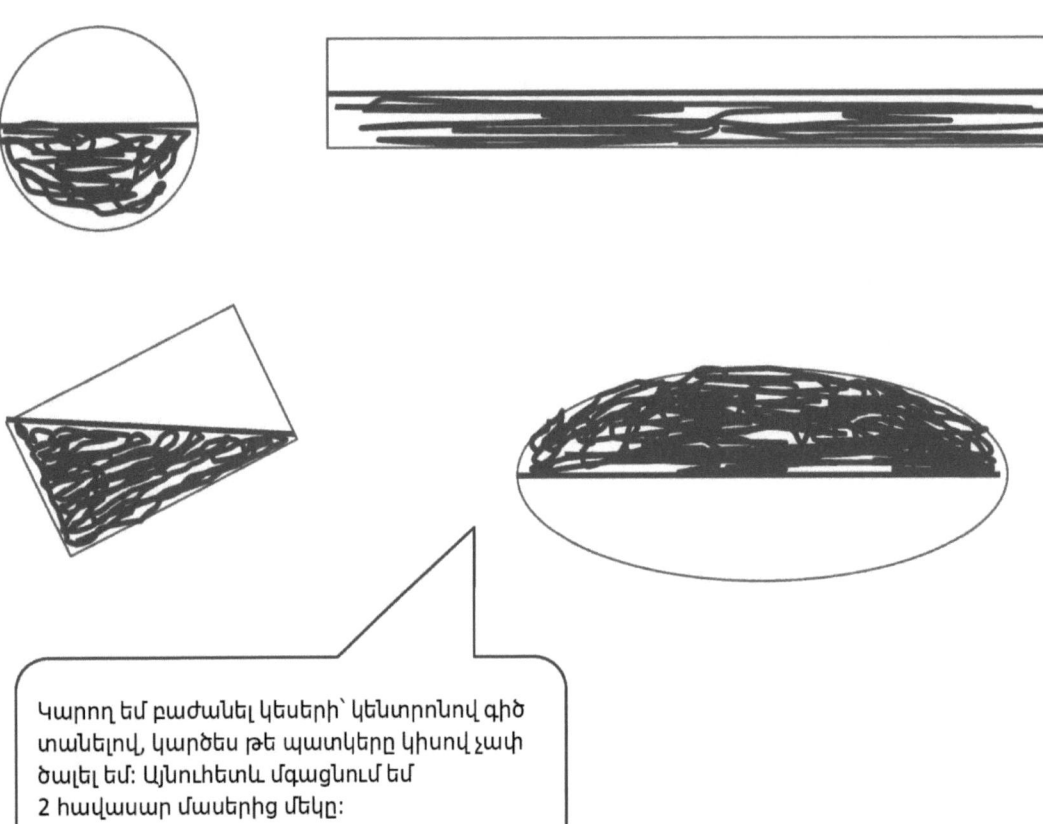

Կարող եմ բաժանել կեսերի՝ կենտրոնով գիծ տանելով, կարծես թե պատկերը կիսով չափ ծալել եմ: Այնուհետև մգացնում եմ 2 հավասար մասերից մեկը:

234 Դաս 9. Շրջանները և ուղղանկյունները բաժանեք հավասար մասերի և այդ մասերը նկարագրեք որպես կեսեր, մեկ երրորդներ և մեկ քառորդներ:

Անուն ______________________________ Ամսաթիվ ______________

1. Շրջանակի մեջ վերցրեք այն պատկերներն, որոնք ունեն 2 հավասեր մասեր՝ 1 գունավորված մասով:

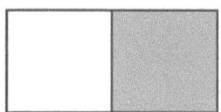

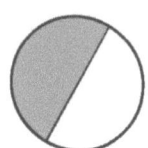

2. Գունավորեք 1 պատկերի կեսը, որը բաժանված է 2 հավասար մասերի: Մեկը բերված է որպես օրինակ:

a.

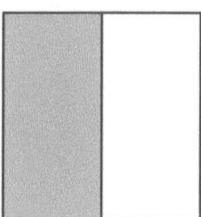

b.

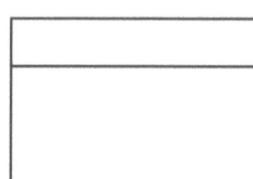

c.

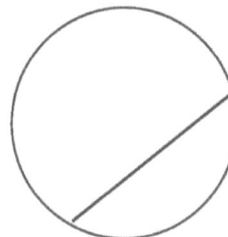

d.

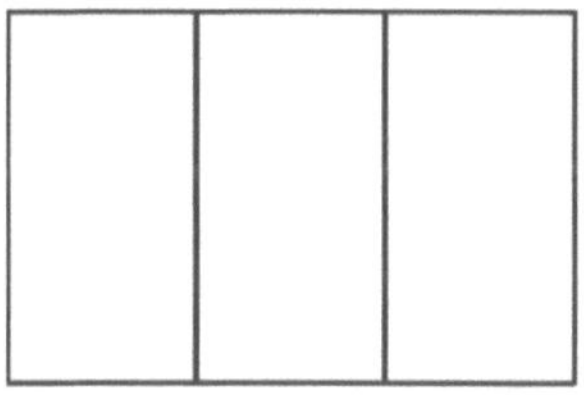

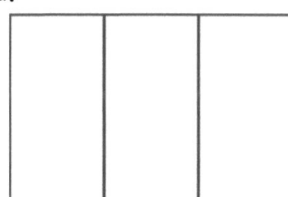

e.

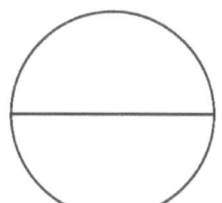

f.

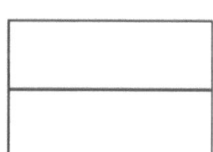

g.

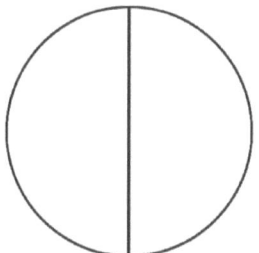

h.

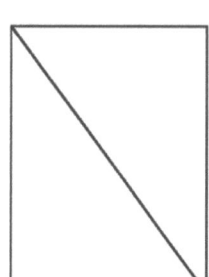

i.

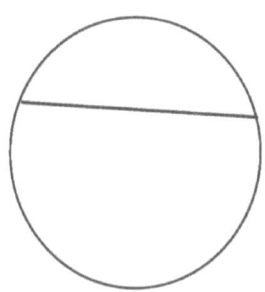

Դաս 9. Շրջանները և ուղղանկյունները բաժանեք հավասար մասերի և այդ մասերը նկարագրեք որպես կեսեր, մեկ երրորդներ և մեկ քառորդներ:

3. Մասնատեք պատկերները ցույց տալու համար կեսերը: Գունավորեք յուրաքանչյուրի 1 կեսը:

Գիտեմ, որ այս պատկերները ցույց են տալիս կեսեր, քանի որ յուրաքանչյուր պատկեր ունի 2 հավասար մաս:

1. Ստորև բերված պատկերները ցույց են տալիս կեսե՞ր, թե մեկ երրորդ մասեր: ***կեսեր***

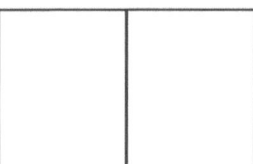

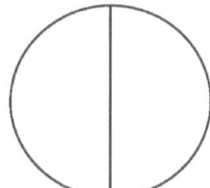

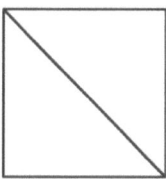

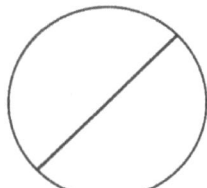

Յուրաքանչյուր պատկեր 4 մասի բաժանելու համար ևս 1 գիծ նկարեք:

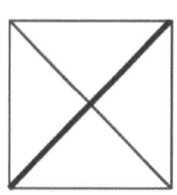

Ես կարող եմ այս պատկերը բաժանել չորրորդների՝ հակառակ անկյուններից մեկ այլ անկյունագծային գիծ քաշելով: Այդ կերպ, 4 հավասար մաս կա:

2. Յուրաքանչյուր ուղղանկյուն բաժանել չորրորդի: Այնուհետև մգացրեք պատկերները, ինչպես նշված է:

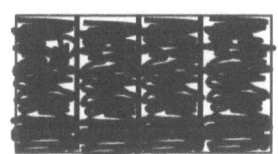

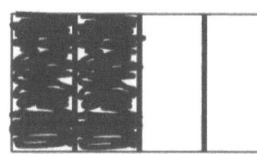

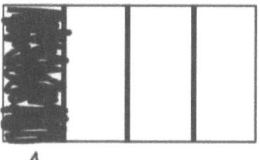

4 չորրորդ

2 չորրորդ

1 չորրորդ

Ես մգացնում եմ բոլոր չորսը՝ ցույց տալով 4 չորրորդը: 4 չորրորդը նույնն է, ինչ 1 ամբողջը:

Ես կարող եմ ցույց տալ 2 չորրորդը՝ մգացնելով երկու մասերը:

1 չորրորդը ցույց տալու համար ես պարզապես մգացնում եմ 1 մասը:

Դաս 10. Շրջանները և ուղղանկյունները բաժանեք հավասար մասերի և այդ մասերը նկարագրեք որպես կեսեր, մեկ երրորդներ և մեկ քառորդներ:

237

Copyright © Great Minds PBC

3. Գրանոլայի բարը բաժանեք այնպես, որ Լիզան, էմջեյը և Ջեսան բոլորը ունենան հավասար բաժին: Նշեք յուրաքանչյուր աշակերտի մասնաբաժինը իր անվան հետ:

Գրանոլայի ո՞ր մասն է բաժին հասել աղջիկներին:

3 երրորդը

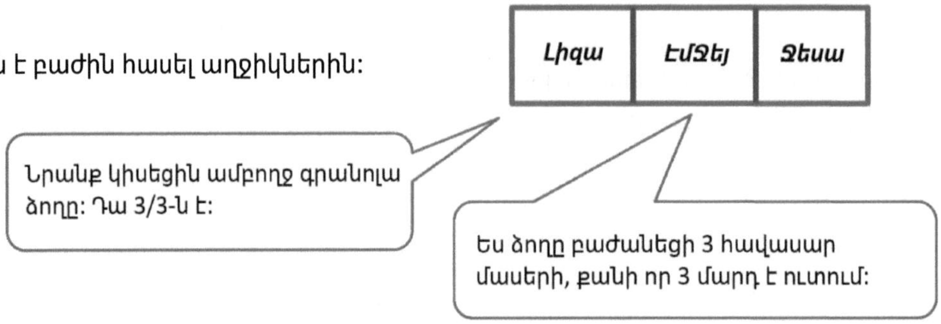

| Լիզա | էմջեյ | Ջեսա |

Նրանք կիսեցին ամբողջ գրանոլա ձողը: Դա 3/3-ն է:

Ես ձողը բաժանեցի 3 հավասար մասերի, քանի որ 3 մարդ է ուտում:

Անուն ______________________________ Ամսաթիվ ______________

1. a. Ստորև բերված պատկերները ցույց են տալիս կեսե՞ր, թե մեկ երրորդ մասեր: ______

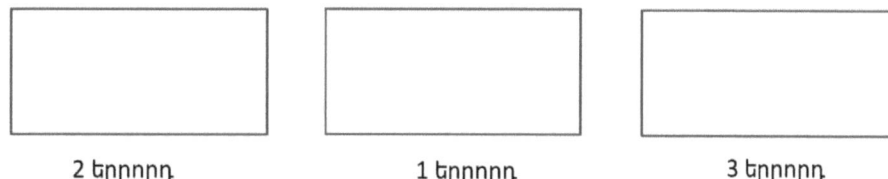

b. Գծեք ևս 1 գիծ՝ վերևի պատկերները մեկ քառորդ մասերի բաժանելու համար:

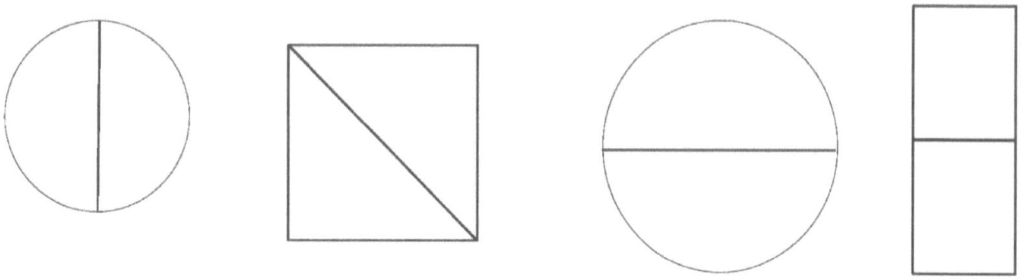

2. Բաժանեք յուրաքանչյուր ուղղանկյուն երրորդների: Այնուհետև մգացրեք պատկերները, ինչպես նշված է:

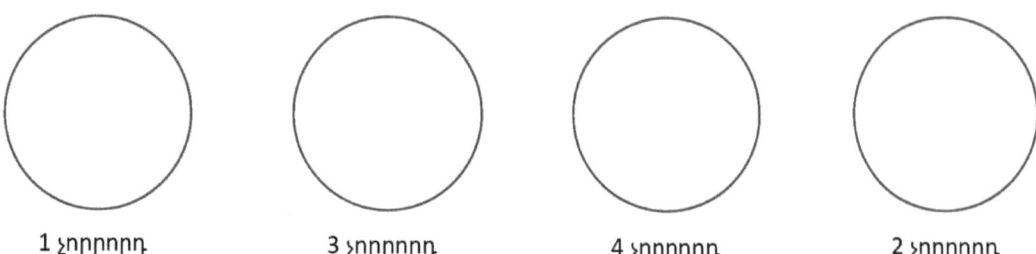

2 երրորդ   1 երրորդ   3 երրորդ

3. Բաժանեք յուրաքանչյուր շրջանակ չորրորդների: Այնուհետև մգացրեք պատկերները, ինչպես նշված է:

1 չորրորդ   3 չորրորդ   4 չորրորդ   2 չորրորդ

Դաս 10. Շրջանները և ուղղանկյունները բաժանեք հավասար մասերի և այդ մասերը նկարագրեք որպես կեսեր, մեկ երրորդներ և մեկ քառորդներ:

4. Բաժանեք և մգացրեք հետևյալ պատկերները։ Յուրաքանչյուր ուղղանկյուն կամ շրջան մի ամբողջ է։

   a. 1 կես

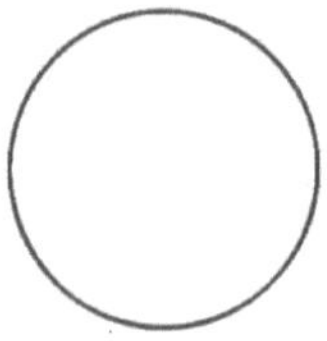

   b. 1 չորրորդ

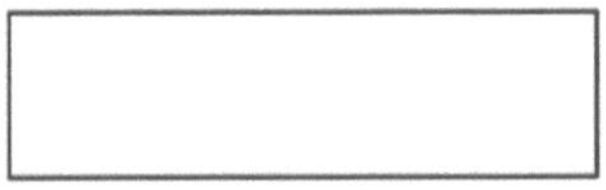

   c. 1 երրորդ

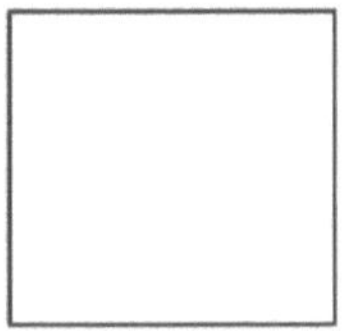

   d. 2 չորրորդ

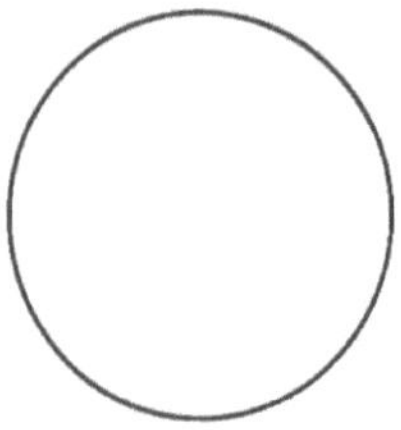

   e. 2 կեսեր

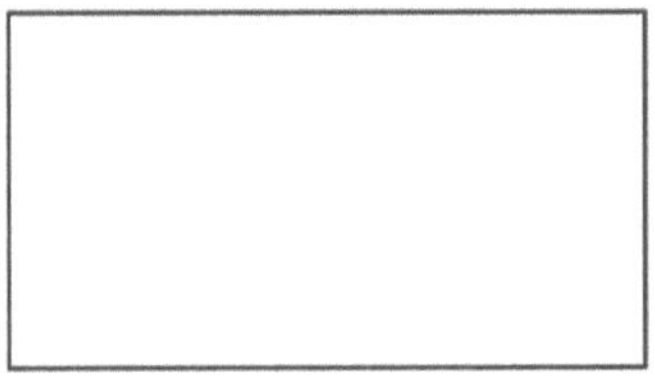

   f. 2 երրորդ

   g. 3 երրորդ

   h. 3 չորրորդ

   i. 3 կեսեր

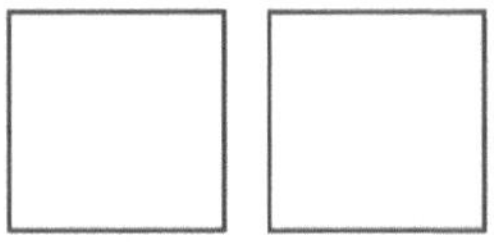

5. Պիցցան բաժանեք այնպես, որ Շեյնը, Ռաուլը և Ջոնը բոլորը ունենան հավասար բաժին։ Նշեք յուրաքանչյուր աշակերտի մասը իր անվան հետ։

   Պիցցայի ո՞ր մասն է բաժին հասել տղաներին։

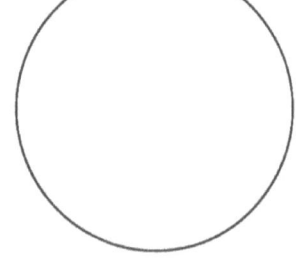

1. (a) մասի համար նշեք մգացրած մասը:

a.

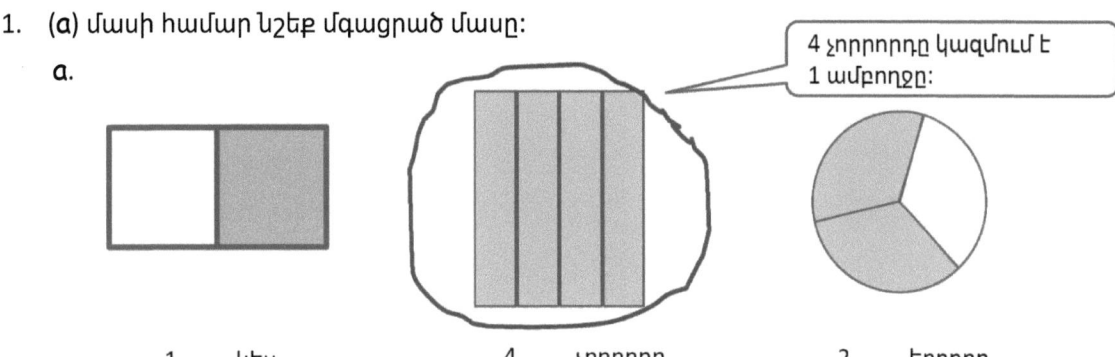

4 չորրորդը կազմում է
1 ամբողջը:

__1__ կես __4__ չորրորդ __2__ երրորդ

b. Շրջանակի մեջ վերցրեք այն պատկերը վերևում, որն ունի մգացրած մաս, որը ցույց է տալիս 1 ամբողջ:

2. Ո՞ր կոտորակը պետք է գունավորեք, որպեսզի 1 ամբողջը գունավորվի:

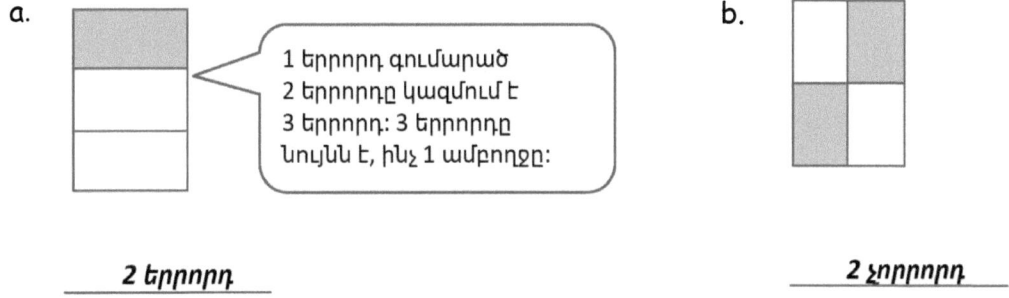

a.

1 երրորդ գումարած
2 երրորդը կազմում է
3 երրորդ: 3 երրորդը
նույնն է, ինչ 1 ամբողջը:

__*2 երրորդ*__

b.

__*2 չորրորդ*__

3. Լրացրեք նկարը՝ 1 ամբողջը ցույց տալու համար:

Սա 1 երրորդ է:

Նկարեք 1 ամբողջ:

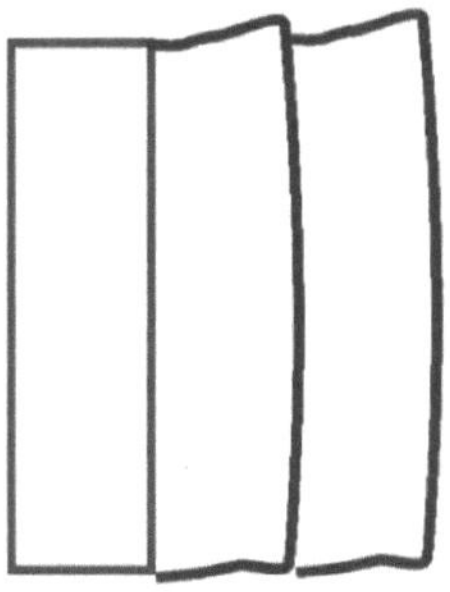

1 երրորդը և 1 երրորդը և
1 երրորդը կազմում են մի
ամբողջը՝ 3 երրորդը
կազմում է մի ամբողջը:
Ես ունեմ ընդամենը 1 երրորդ,
այնպես որ պետք է ևս
2-ը նկարեմ:

Դաս 11. Ամբողջը նկարագրեք հավասար մասերի քանակով՝ ներառյալ 2 կեսը, 3 երրորդը և 4 չորրորդը:

ՄԻԱՎՈՐՆԵՐԻ ՊԱՏՄՈՒԹՅՈՒՆ   Դաս 11 Տնային աշխատանք   2•8

Անուն _____ Ամսաթիվ _____

1. Որոշեք (a), (c) և (e) մգացրած մասերի կոտորակային չափերը:

   a.

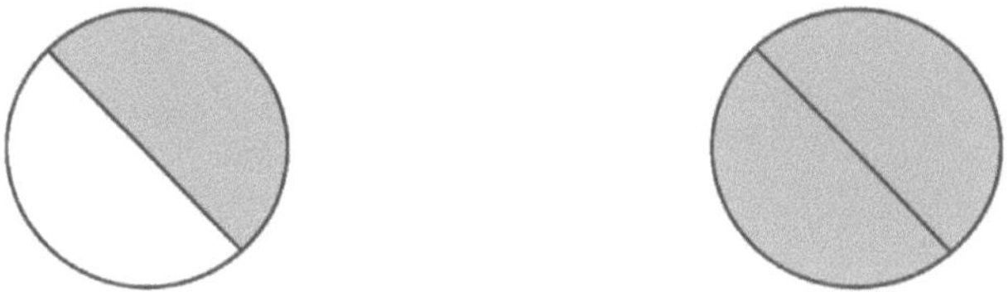

   _____ կես   _____ կեսեր

   b. Շրջանակի մեջ վերցրեք այն պատկերը վերևում, որն ունի գունավորված մաս, որը ցույց է տալիս 1 ամբողջ:

   c.

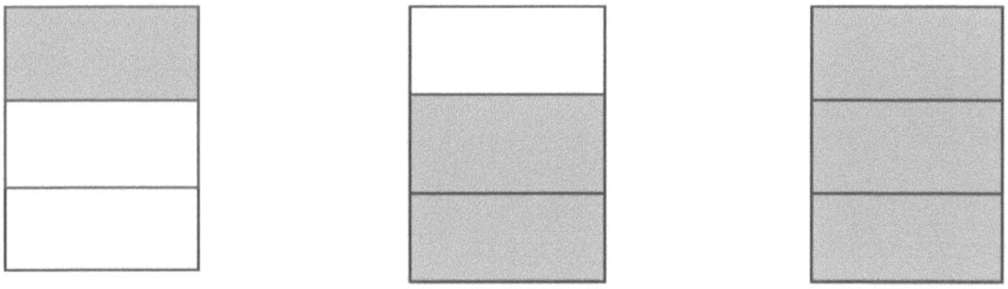

   _____ երրորդ   _____ երրորդներ   _____ երրորդներ

   d. Շրջանակի մեջ վերցրեք այն պատկերը վերևում, որն ունի գունավորված մաս, որը ցույց է տալիս 1 ամբողջ:

   e.

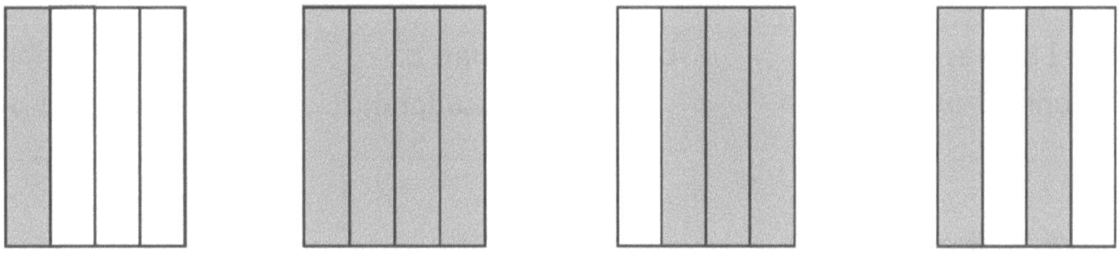

   _____ չորրորդ   _____ չորրորդներ   _____ չորրորդներ   _____ չորրորդներ

   f. Շրջանակի մեջ վերցրեք այն պատկերը վերևում, որն ունի գունավորված մաս, որը ցույց է տալիս 1 ամբողջ:

Դաս 11. Ամբողջը նկարագրեք հավասար մասերի քանակով՝ ներառյալ 2 կեսը, 3 երրորդը և 4 չորրորդը:

243

2. Ո՞ր կոտորակային մասը պետք է գունավորեք, որպեսզի 1 ամբողջը գունավորվի:

a.

____

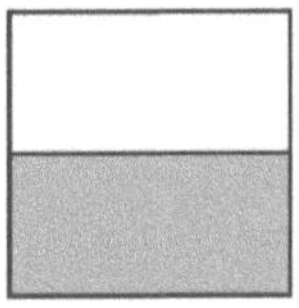

b.

____

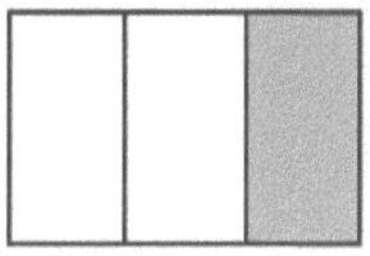

c.

____

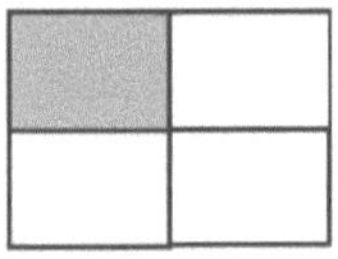

d.

____

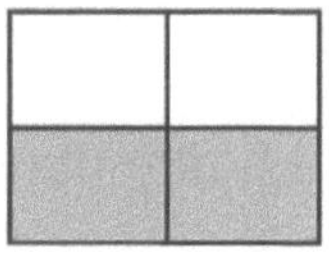

e.

____

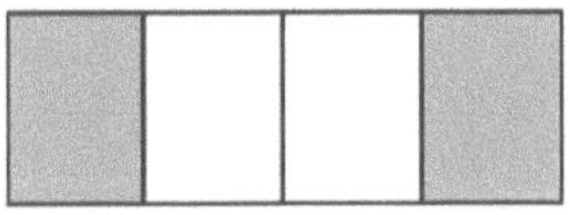

f.

____

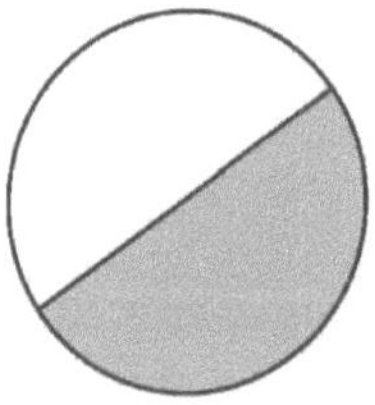

3. Լրացրեք նկարը՝ 1 ամբողջը ցույց տալու համար:

a. Սա 1 կես է:
Նկարեք 1 ամբողջ:

b. Սա 1 երրորդ է:
Նկարեք 1 ամբողջ:

c. Սա 1 չորրորդ է:
Նկարեք 1 ամբողջ:

244 Դաս 11. Ամբողջը նկարագրեք հավասար մասերի քանակով՝ ներառյալ 2 կեսը, 3 երրորդը և 4 չորրորդը:

ՄԻԱՎՈՐՆԵՐԻ ՊԱՏՄՈՒԹՅՈՒՆ   Դաս 12 Տնային աշխատանքների օգնական   2•8

1. Մասնատեք ուղղանկյունը 2 տարբեր եղանակներով՝ ցույց տալու համար հավասար բաժինները:

   2 կես

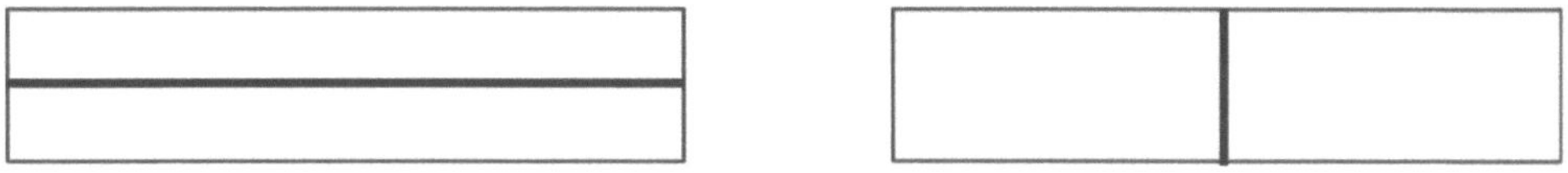

   > Տեսեք, ես կարող եմ ցույց տալ երրորդները՝ որպես երկար, բարակ ուղղանկյուններ կամ կարճ, հաստ ուղղանկյուններ: Պարտադիր չէ միևնույն տեսքի լինեն նույն տարածությունը ծածկելու համար:

   3 երրորդներ

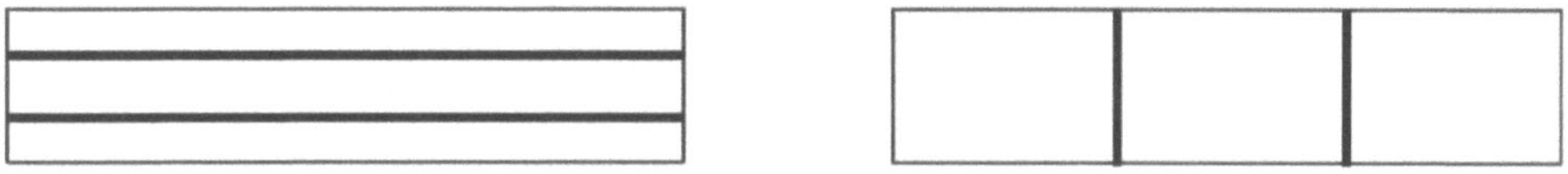

   > Ես կարող եմ ցույց տալ չորրորդները մեկից ավելի ձևերով: Քանի դեռ 4 մասերը ծածկում են նույն քանակությամբ տարածություն, նրանք հավասար են, այնպես որ ես ստացել եմ չորրորդները:

   4 չորրորդներ

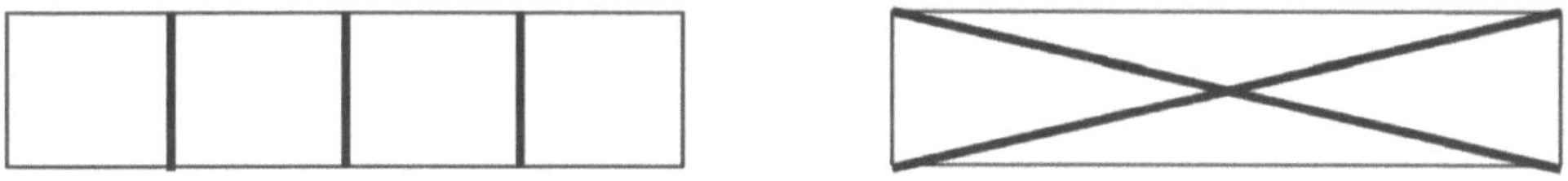

Դաս 12.   Ընդունեք, որ նույնական ուղղանկյան հավասար մասերը կարող են ունենալ տարբեր ձևեր:

2. Կտրեք ուղղանկյունը:

a. Կտրեք ուղղանկյունը կիսով չափ, որպեսզի ստացվի 2 հավասար չափի ուղղանկյուն: Ստեղծեք 1 կեսը ձեր մատիտը օգտագործելով:

Ես կարող եմ 2 հավասար չափի ուղղանկյուն ստանալ՝ թուղթս կեսով ծալելով երկար կողմից:

b. Վերադասավորեք կեսերը՝ նոր ուղղանկյուն ստեղծելու համար, որոնք չեն ունենա արանքներ և մեկը մյուսին չեն ծածկի:

Ես կարող եմ ուղղանկյունները շարել առանց բացերի կամ փոխծածկումների՝ ծայրերը դիպչելով:

c. Կտրեք յուրաքանչյուր հավասար մասը կիսով չափ, որպեսզի ստացվի 4 հավասար չափի ուղղանկյուն:

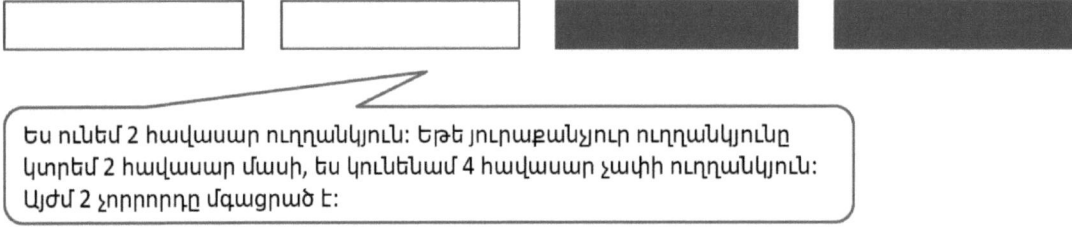

Ես ունեմ 2 հավասար ուղղանկյուն: Եթե յուրաքանչյուր ուղղանկյունը կտրեմ 2 հավասար մասի, ես կունենամ 4 հավասար չափի ուղղանկյուն: Այժմ 2 չորրորդը մգացրած է:

d. Վերադասավորեք նոր հավասար բաժինները՝ կազմելու համար տարբեր բազմանկյուններ:

e. Ձեր նոր բազմանկյուններից մեկը նկարեք (d) կետից: Մի կեսը մգացրած է:

Չնայած ես մի պատկեր ունեմ, որը տարբերվում է, մի կեսը դեռ մգացրած է:

246 Դաս 12. Ընդունեք, որ նույնական ուղղանկյան հավասար մասերը կարող են ունենալ տարբեր ձևեր:

EUREKA MATH

ՄԻԱՎՈՐՆԵՐԻ ՊԱՏՄՈՒԹՅՈՒՆ   Դաս 12 Տնային աշխատանք   2•8

Անուն _____   Ամսաթիվ _____

1. Մասնատեք ուղղանկյունը 2 տարբեր եղանակներով՝ ցույց տալու համար հավասար մասերը:

   a. 2 կես

   b. 3 երրորդ

   c. 4 չորրորդ

   d. 2 կես

   e. 3 երրորդ

   f. 4 չորրորդ

Դաս 12.   Ընդունեք, որ նույնական ուղղանկյան հավասար մասերը կարող են ունենալ տարբեր ձևեր:

247

2. Կտրեք քառակուսի այս էջի ներքևի մասում:

a. Կտրեք քառակուսին կեսով, որպեսզի կազմեք 2 հավասարաչափ ուղղանկյուն: Ստեղծեք 1 կեսը ձեր մատիտը օգտագործելով:

b. Վերադասավորեք կեսերը՝ նոր ուղղանկյուն ստեղծելու համար, որոնք չեն ունենա արանքներ և մեկը մյուսին չեն ծածկի:

c. Կտրեք յուրաքանչյուր հավասար մաս կեսով, որպեսզի կազմեք 4 հավասարաչափ քառակուսի:

d. Վերադասավորեք նոր հավասար մասերը՝ կազմելու համար տարբեր բազմանկյուններ:

e. Նկարեք ձեր նոր բազմանկյուններից մեկը ներքևում (d) կետից: Մի կեսը մգացրած է:

EUREKA MATH

1. *Ասացեք, թե ստորև գտնվող հատվածում, յուրաքանչյուր ժամի ո՞ր կոտորակային մասն է մգացրած՝ օգտագործելով քառորդ, քառորդներ, կես կամ կեսեր բառերը:*

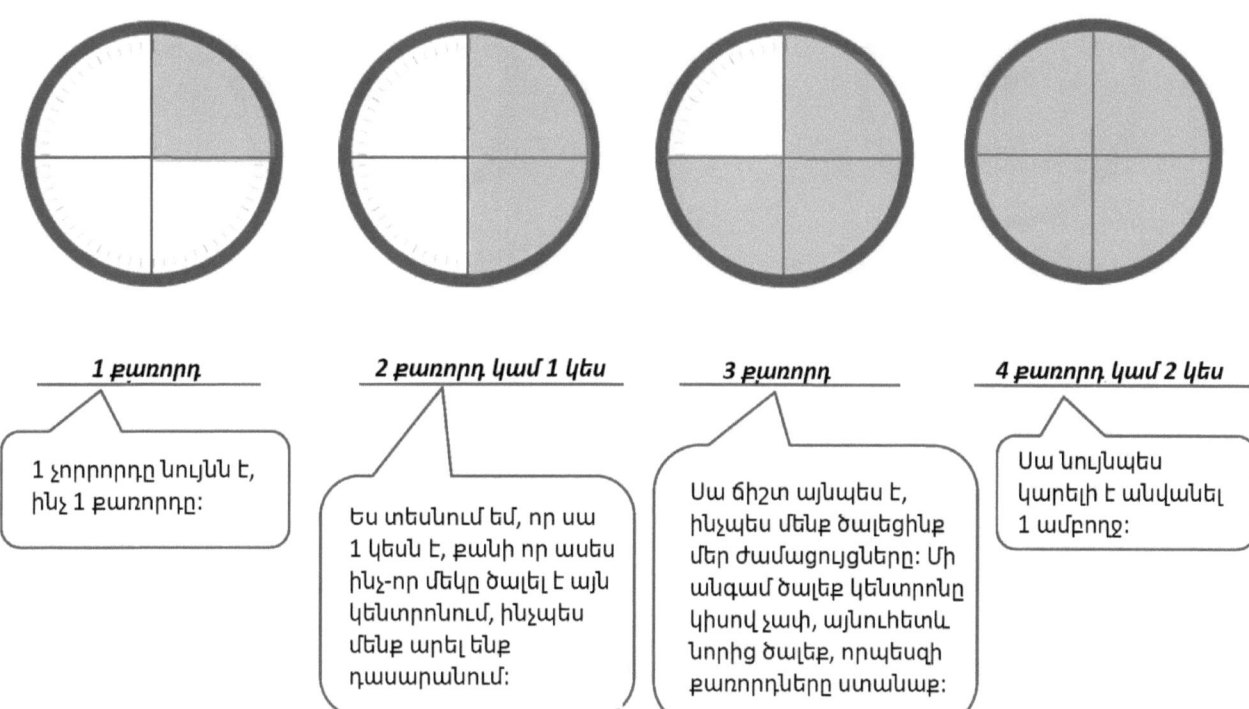

1 քառորդ

1 չորրորդը նույնն է, ինչ 1 քառորդը:

2 քառորդ կամ 1 կես

Ես տեսնում եմ, որ սա 1 կեսն է, քանի որ ասես ինչ-որ մեկը ծալել է այն կենտրոնում, ինչպես մենք արել ենք դասարանում:

3 քառորդ

Սա ճիշտ այնպես է, ինչպես մենք ծալեցինք մեր ժամացույցները: Մի անգամ ծալեք կենտրոնը կիսով չափ, այնուհետև նորից ծալեք, որպեսզի քառորդները ստանաք:

4 քառորդ կամ 2 կես

Սա նույնպես կարելի է անվանել 1 ամբողջ:

2. Գրեք յուրաքանչյուր ժամացույցի ցույց տված ժամը:

a.

9 ։ 30

Երբ րոպեի սլաքը ցույց է տալիս 6-ը, ես հաշվում եմ 5-երով մինչև 30: Այսպիսով, ես կարող եմ ասել 9: 30, կամ կարող եմ ասել, որ 9-ն անց կես, քանի որ րոպեի սլաքը շարժվել է ժամի կիսով չափ:

b.

6 ։ 15

Գիտեմ, որ անցել է ժամի մեկ չորրորդը: Դա 1 քառորդն է:

3. Նկարեք րոպեի սլաքը ժամացույցի վրա՝ ճիշտ ժամը ցույց տալու համար:

3 ։ 45

Հիշում եմ, որ 1 քառորդը 15 րոպե է, 2 քառորդը՝ 30 րոպե, իսկ 3 քառորդը՝ 45 րոպե: Ժամացույցի 3 քառորդ մասը կլինի 9-ը:

11 ։ 30

30 րոպեն կեսն է, կամ անց կեսը: Ժամացույցի կեսը 6-ն է:

Անուն ______________________________ Ամսաթիվ ______________

1. Ասացեք, թե ստորև գտնվող հատվածում, յուրաքանչյուր ժամի ո՞ր կոտորակային մասն է մգացրած՝ օգտագործելով քառորդ, քառորդներ, կես կամ կեսեր բառերը:

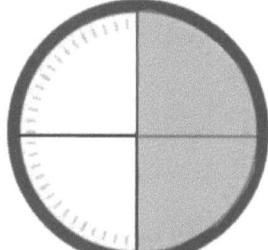

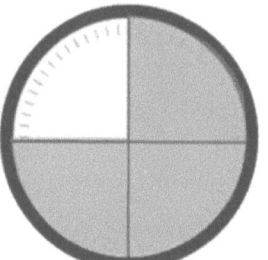

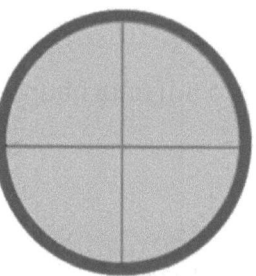

__________ __________ __________ __________

2. Գրեք յուրաքանչյուր ժամացույցի ցույց տված ժամը:

a.

____

b.

____

c.

____

d.

____

3. Գիծ գծելով համապատասխանեցրեք յուրաքանչյուր ժամ ճիշտ ժամացույցին:

- 5-ին քառորդ պակաս

- 5-ն անց կես

- 5:15

- 5-ն անց քառորդ
- 4:45

4. Նկարեք րոպեի սլաքը ժամացույցի վրա՝ ճիշտ ժամը ցույց տալու համար:

3:30

11:45

6:15

Դաս 13. Պատրաստեք թղթե ժամացույց՝ մասնատելով շրջանը կեսերի և քառորդների և ասացեք ժամը՝ ժամի կամ քառորդ ժամի ճշգրտությամբ:

EUREKA MATH

1. Լրացրեք բացակայող թվերը:

60, 55, 50, 45, 40, 35, 30, 25, 20, 15, 10, 5, 0

5-երով հետ եմ հաշվում: Դա նման է ժամը հետ հաշվելուն:

2. Ճիշտ ժամը համապատասխանեցնելու համար նկարեք ժամի և րոպեի սլաքները ժամացույցների վրա:

3:05

Ես գիտեմ, որ քանի որ ընդամենը 5 րոպե է անցել ժամից, ապա ժամի սլաքը պետք է ցույց տա 3-ը:

3:35

Անցել է կես ժամից ավելին, ուստի ժամի սլաքը պետք է ցույց տա 3-ի և 4-ի միջև ընկած կեսը: Գիտեմ, որ երբ րոպեի սլաքը ցույց է տալիս 6-ը, ժամից անցել է 30 րոպե: Երբ այն ցույց է տալիս 7-ը, ես ավելացնում եմ 5 րոպե, այնպես որ ժամացույցը ցույց է տալիս 3:35:

6:55

Քանի որ 6: 55 է, դա նշանակում է, որ գրեթե 7-ն է: Ժամի սլաքը պետք է ցույց տա 7-ից մի փոքր առաջ, քանի որ ժամը 7-ին ընդամենը 5 րոպե է մնացել:

EUREKA MATH Դաս 14. Ասեք, թե ժամը քանիսն է՝ դեպի ամենամոտ 5 րոպեին կլորացնելով: 253

Copyright © Great Minds PBC

Անուն _____ Ամսաթիվ _____

1. Լրացրեք բացակայող թվերը:

   0, 5, 10, ____, ____, ____, ____, 35, ____, ____, ____, ____, ____

   ____, ____, ____, 45, 40, ____, ____, ____, 20, 15, ____, ____, ____

2. Լրացրեք բացակայող րոպեները ժամացույցի վրա:

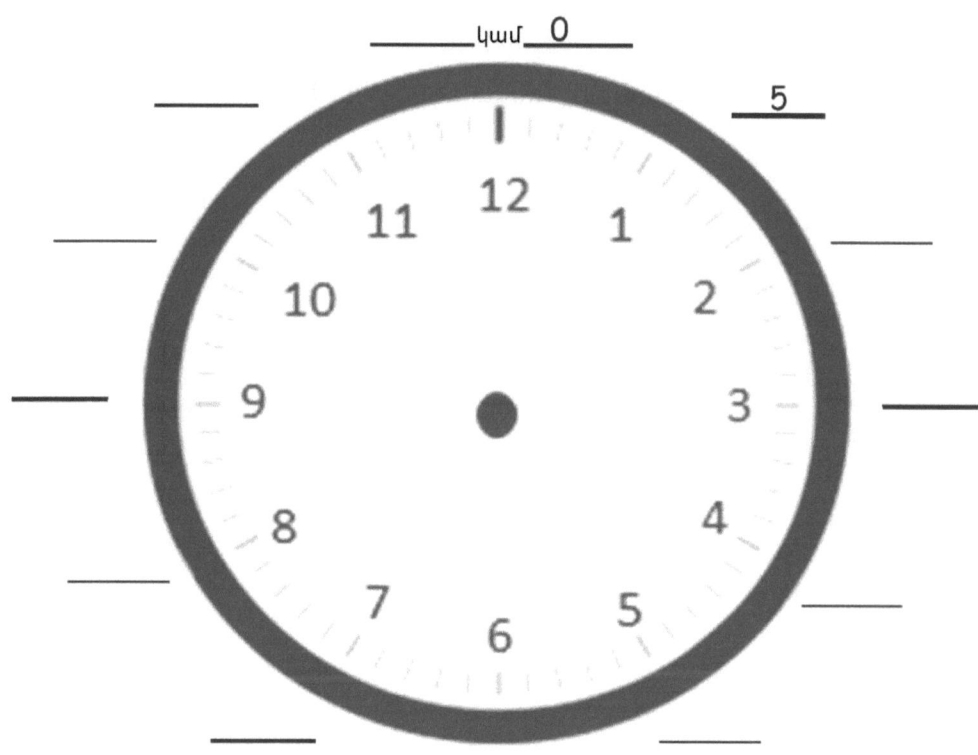

3. Ճիշտ ժամին համապատասխանելու համար նկարեք րոպեների սլաքը ժամացույցների վրա:

3:25   7:15   9:55

Դաս 14.   Ասեք, թե ժամը քանիսն է՝ դեպի ամենամոտ 5 րոպեին կլորացնելով:

4. Ճիշտ ժամին համապատասխանելու համար նկարեք ժամերի սլաքը ժամացույցների վրա։

12:30    10:10   3:45

5. Ճիշտ ժամը համապատասխանեցնելու համար նկարեք ժամի և րոպեի սլաքները ժամացույցների վրա։

6:55   1:50   8:25

   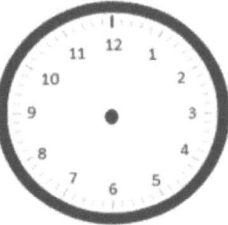   

4:40   7:45   2:05

6. Ժամը քանի՞սն է։

_____   _____

ՄԻԱՎՈՐՆԵՐԻ ՊԱՏՄՈՒԹՅՈՒՆ   Դաս 15 Տնային աշխատանքների օգնական   2•8

1. Որոշեք՝ ներքևի գործողությունը տեղի կունենա առավոտյան, թե՞ երեկոյան: Շրջանակի մեջ առեք ձեր պատասխանը:

   Արթնանալ դպրոց գնալու համար   (առավոտյան) / կեսօրին
   Ճաշել   առավոտյան / (կեսօրին)
   Քնելուց առաջ կարդալ   առավոտյան / (կեսօրին)
   Նախաճաշ պատրաստել   (առավոտյան) / կեսօրին

   A-ն այբուբենում P-ից առաջ է գալիս: Այդպես ես հիշում եմ, որ a.m. առավոտյան է, իսկ p.m.-ը՝ կեսօրին: Առավոտը կեսօրից առաջ է:

2. Ժամը քանի՞սն է ցույց տալիս ժամացույցը:

   __3__ : __55__

   Չնայած թվում է, թե ժամի սլաքը ցույց է տալիս 4-ը, ես գիտեմ, որ դեռ ժամը 4-ը չէ, քանի որ րոպեի սլաքը ցույց է տալիս 55 րոպե: Ես պետք է սպասեմ ևս 5 րոպե:

3. Անալոգային ժամի վրա նկարեք սլաքներ՝ համապատասխանեցնելով ժամը թվային ժամացույցին: Այնուհետև՝ հիմնվելով նկարագրության վրա շրջանակի մեջ վերցրեք առավոտյան կամ երեկոյան:

   Առավոտյան արթնանալուց հետո լվանալ ատամները

   7:10   (առավոտյան) կամ կեսօրին

   Գիտեմ, որ դա առավոտյան է, քանի որ ասում է «արթնանալուց հետո», և դա տեղի է ունենում առավոտյան:

   Թվային ժամացույցը ցույց է տալիս ժամի և րոպեների թվանշանները: Անալոգային ժամացույցի վրա փոքրիկ սլաքը ցույց է տալիս 7-ը՝ ժամը ցույց տալու համար: Րոպեի սլաքով ես կարող եմ հաշվել 5-երով՝ պարզելու, թե ինչպես ցույց տալ ժամից 10 րոպեն ժամից հետո: 5,10 ... այնպես որ մեծ սլաքը ցույց է տալիս 2-ը՝ ցույց տալով 10 րոպեն:

4. Գրեք, թե ինչ էիք անելու, եթե լիներ առավոտ կամ երեկո:

   առավոտյան   _նախաճաշել_
   երեկոյան   _գիրք կարդալ_

   Սովորաբար առավոտյան 7-ին ես նախաճաշում եմ: Երեկոյան 7-ը քնելուց 1 ժամ առաջ է, և դա այն ժամանակն է, որ ես կարդում եմ:

Անուն ______________________________ Ամսաթիվ ______________

1. Որոշեք՝ ներքևի գործողությունը տեղի կունենա առավոտյան, թե՞ երեկոյան: Շրջանակի մեջ առեք ձեր պատասխանը:

a. Նախաճաշել	**առավոտյան / երեկոյան**	b. Տնային աշխատանք կատարել	**առավոտյան / երեկոյան**
c. Ճաշի սեղան դնել	**առավոտյան / երեկոյան**	d. Առավոտյան արթնանալ	**առավոտյան / երեկոյան**
e. Դպրոցից հետո պարի դաս	**առավոտյան / երեկոյան**	f. Ճաշել	**առավոտյան / երեկոյան**
g. Գնալ քնելու	**առավոտյան / երեկոյան**	h. Ճաշը տաքացնել	**առավոտյան / երեկոյան**

2. Գրեք ժամացույցի վրա երևացող ժամանակը: Այնուհետև ընտրեք՝ ներքևի գործողությունը տեղի կունենա առավոտյան, թե՞ երեկոյան:

a. Ատամները լվանալ դպրոց գնալուց առաջ

_____:_____ **առավոտյան / երեկոյան**

b. Ճաշից հետո քաղցրավենիք ուտել

_____:_____ **առավոտյան / երեկոյան**

3. Անալոգային ժամի վրա նկարեք սլաքներ՝ համապատասխանեցնելով ժամը թվային ժամացույցին։ Այնուհետև՝ հիմնվելով նկարագրության վրա շրջանակի մեջ վերցրեք **առավոտյան կամ երեկոյան**։

a. Քնելուց առաջ ատամները լվանալ

8:15   առավոտյան կամ երեկոյան

b. Ճաշից հետո ընդմիջում

12:30   առավոտյան կամ երեկոյան

4. Գրեք, թե ինչ էիք անելու, եթե **լիներ առավոտ կամ երեկո**․

a. **առավոտ** _____

b. **երեկո** _____

c. **առավոտ** _____

d. **երեկո** _____

1 Որքա՞ն ժամանակ է անցել:

6: 30 առավոտյան → 7: 00 առավոտյան ***30 րոպե***

6: 30-ը կես ժամն է: Դա նշանակում է, որ հաջորդ ժամին հասնելու համար անհրաժեշտ է ևս կեսը, ուստի անցել է 30 րոպե:

4: 00 երեկոյան → 9: 00 երեկոյան ***5 ժամ***

Կարող եմ գումարել 4:00-ին, որ հասնեմ 9: 00-ին: 4 + 5 = 9, այնպես որ 5 ժամ է անցել:

երեկոյան → առավոտյան

5 ժամ

Սա բարդ է, քանի որ ժամանակը փոխվում է առավոտից երեկո, բայց ես գիտեմ, որ p.m.-ը ժամը 12-ին դառնում a.m.: Ես տեսնում եմ, որ րոպեի սլաքը նույն տեղում է երկու ժամացույցների վրա, ուստի ես պետք է ընդամենը 7-ից 12-ը հաշվեմ: 7 + 5 = 12, այնպես որ, 7: 30-ից 12:30, 5 ժամ է անցել:

2. Աննան անցկացնում է 3 ժամ պարի պարապմունքին: Նա ավարտում է երեկոյան 6:15-ին: Քանիսի՞ն էր նա սկսել:

? —— ***+ 3 ժամ*** ——→ **6: 15**

6 - 3 = 3, այնպես որ 6:15 հանած 3 ժամ 3:15 է:

Ես կարող եմ ժամերի և րոպեների համար օգտագործել սլաքի եղանակը, որպեսզի լուծումը հեշտանա:

Աննան սկսել էր 3:15-ից:

Դաս 16. Լուծեք ժամանակի հետ կապված խնդիրներն՝ օգտագործելով ամբողջական ժամերը կամ կես ժամը:

261

ՄԻԱՎՈՐՆԵՐԻ ՊԱՏՈՒԹՅՈՒՆ   Դաս 16 Տնային աշխատանք 2•8

Անուն _____   Ամսաթիվ _____

1. Որքա՞ն ժամանակ է անցել։

   a. 2:00 երեկոյան → 8:00 երեկոյան   _____

   b. 7:30 առավոտյան → 12:00 երեկոյան (կեսօր) _____

   c. 10:00 առավոտյան → 4:30 երեկոյան   _____

   d. 1:30 երեկոյան → 8:30 երեկոյան   _____

   e. 9:30 առավոտյան → 2:00 երեկոյան   _____

   f.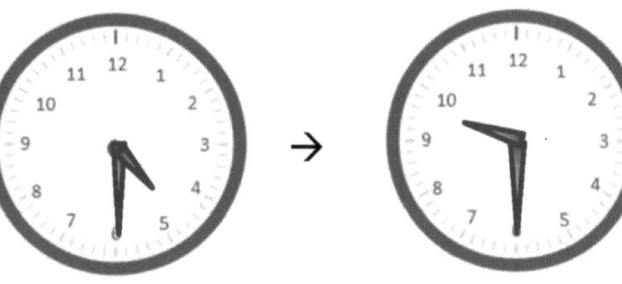
   երեկոյան   երեկոյան

   g.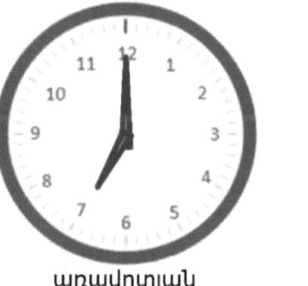
   առավոտյան   առավոտյան

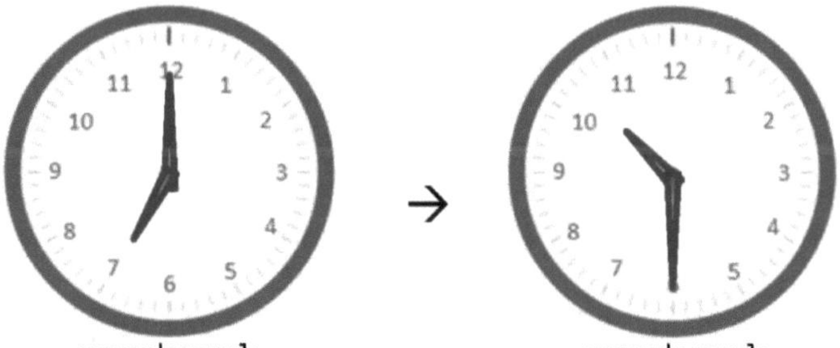

   h.
   առավոտյան   երեկոյան

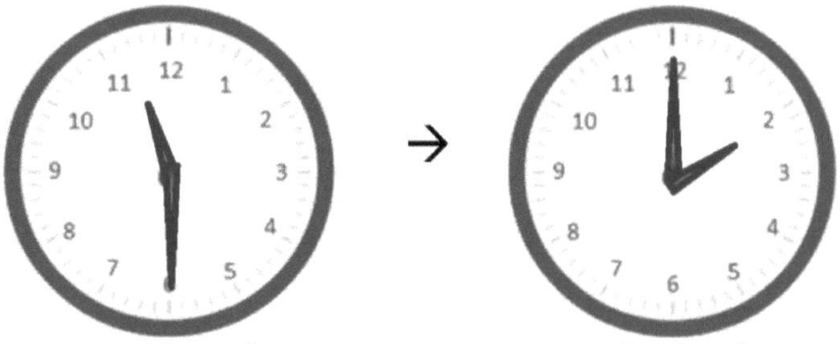

2. Լուծեք:

a. Կայլին սկսեց բասկետբոլի պրակտիկան ժամը 02: 30-ին և ավարտվեց 6: 00-ին: Որքա՞ն ժամանակ անցկացրեց Կայլին բասկետբոլի մարզման համար:

b. Ջամալը 4 և կես ժամ անցկացրեց իր ընտանեկան խնջույքում: Այն սկսվեց ցերեկը 1: 30-ին: Ջեմալը քանիսի՞ն էր գնացել:

c. Քրիստոֆերը 2 ժամ ծախսեց իր տնային հանձնարարության վրա: Նա ավարտեց երեկոյան ժամը 5: 30-ին: Ժամը քանիսի՞ն նա սկսեց իր տնային հանձնարարությունը:

d. Հենրին քնել է երեկոյան ժամը 8-ից մինչև առավոտյան 6: 30: Քանի՞ ժամ է քնել Հենրին:

EUREKA MATH

Հավաստագիր

Great Minds®-ը գործադրել բոլոր ջանքերը՝ հեղինակային իրավունքով պաշտպանված բոլոր նյութերի վերատպման թույլտվությունը ստանալու համար։ Եթե հեղինակային իրավունքով պաշտպանված սույն նյութում որևէ սեփականատեր նշված չի, խնդրում ենք ճանաչման համար կապ հաստատել «Great Minds»-ի հետ՝ այս մոդուլի հետագա բոլոր հրատարակված և վերատպված տարբերակներում:

- Մոդուլ 7, Դաս 22, ---Էջ: Flathead screwdriver photo credit: Joao Virissimo / Shutterstock.com

Մոդուլներ 6-8. Հավաստագիր

Printed by Libri Plureos GmbH in Hamburg,
Germany

9 781649 291714